实用新型专利
审查实践

国家知识产权局专利局
专利审查协作北京中心 ◎ 组织编写

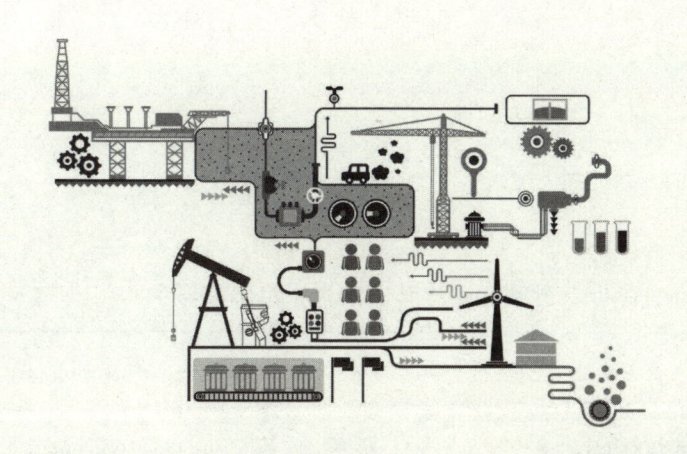

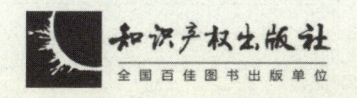

知识产权出版社
全国百佳图书出版单位

图书在版编目（CIP）数据

实用新型专利审查实践 / 国家知识产权局专利局专利审查协作北京中心组织编写. — 北京：知识产权出版社，2017.9

ISBN 978-7-5130-5084-5

Ⅰ.①实… Ⅱ.①国… Ⅲ.①专利—审查—研究—中国 Ⅳ.①G306.3

中国版本图书馆CIP数据核字（2017）第203737号

内容提要

本书是实用新型专利审查实践方面的论文汇编，涉及实用新型初步审查的明显实质性缺陷的审查、申请文件的形式审查、特殊专利申请的审查、其他文件和相关手续的审查以及事务处理等方面，收录了实用新型审查实践中最新的研究成果，对实用新型审查中的典型问题、疑难问题和争议问题给出了阶段性的指导意见。

责任编辑：黄清明　李　瑾　　　　　　责任出版：刘译文

实用新型专利审查实践
国家知识产权局专利局专利审查协作北京中心　组织编写

出版发行：知识产权出版社有限责任公司	网　　址：http://www.ipph.cn
社　　址：北京市海淀区气象路50号院	邮　　编：100081
责编电话：010-82000860转8392	责编邮箱：lijin.cn@163.com
发行电话：010-82000860转8101/8102	发行传真：010-82000893/82005070/82000270
印　　刷：三河市国英印务有限公司	经　　销：各大网上书店、新华书店及相关专业书店
开　　本：787mm×1092mm　1/16	印　　张：10
版　　次：2017年9月第1版	印　　次：2017年9月第1次印刷
字　　数：160千字	定　　价：45.00元
ISBN 978-7-5130-5084-5	

出版权专有　侵权必究
如有印装质量问题，本社负责调换。

PREFACE | 序 言

实用新型专利申请的初步审查（以下简称"实用新型初审"）是受理实用新型专利申请之后、授权专利权之前的一个必要程序。实用新型专利的审查制度，自1985年我国《专利法》立法以来，为适应国情，几经变革，从起始阶段的登记制，逐渐稳定为目前的以形式审查为基础、兼顾明显实质性缺陷的初步审查制。现行实用新型初审制度的目的在于：既要保障经初步审查的实用新型专利申请满足基本的形式要求并不具有明显的实质性缺陷，同时还需要满足实用新型制度对于较短审查周期的要求，只有满足以上两个方面，才能保障实用新型制度的健康运转，同时保持实用新型制度的优越性。

实用新型初审涉及《专利法》和《专利法实施细则》中近50个法律条款，其中包含20个涉及实质性缺陷的法律条款。由于要实现以上目的，所有法条的制定实际上都兼顾了"结果的正确性"和"审查的深入程度"两个方面的平衡，法律的制定从来都是一种妥协的智慧、平衡的智慧，如果我们深入研究，就会发现，这种智慧在实用新型的初步审查中得到了极好的体现，因为它的审批结果既是授权与否，又必须非常快捷。

近年来，我国的实用新型专利申请一直保持着快速增长的势头，其中质量分化的现象较为严重，这对实用新型初审提出了极大的挑战，迫使审查发生了一些趋于严格的变化，例如，2013年9月国家知识产权局通过颁布局长令的方式修订了《专利审查指南2010》，在明显新颖性的审查中引进了审查员可以主动检索的手段。随着实践中发生的各种新情况越来越多且越来越复杂，各种讨论和观点频出，审查标准的执行受到了较大冲击，尤其是针对一些审查中的重点和难点，例如客体问题、《专利法实施细则》四十条的审查、原申请不存在单一性缺陷的分案的审查、优先权主题的审查范围、依职权修改的范围等，出现了不太统一的审查标准和多方观点。

为了明晰审查标准，本书编写组基于多年的审查经验和研究成果，聚焦于目前审查实践中的重点和难点，进行深入的辨析，对多方观点进行论证和分析，在明晰立法宗旨的基础上给出了较为明确的建议，以期对这些重点和难点的审查实践有所借鉴。也有一些难点和重点，本书仅仅进行了探讨，发表了一定的观点，或者做了一定的展望，希望对今后审查规则的适时修订起到一定的推动作用。本书主要针对审查标准做了探讨和研究，但对于广大申请人和代理人也将起到一定的参考和借鉴作用。

本书的撰写者来自实用新型初步审查一线，在撰写过程中得到了相关各级业务骨干的大力支持。一个观点，往往经过与他们的几番辩论，在他们的帮助下进行了反复思考，多方考证了以往课题、微课题等多项研究成果，凝聚了过往的思考和智慧，尹杰、丁雷及多名业务骨干对本书亦有贡献。本书在编写过程中还得到了专利审查协作北京中心业务指导委员会的关心和指导，在此深表感谢！

由于水平有限，本书难免存在不足之处，敬请读者批评指正！

本书编委会
2017年5月

CONTENTS | 目 录

明显实质性缺陷的审查

涉及计算机程序的发明创造能否得到实用新型专利的保护 /3
由建筑布局类申请谈"技术方案"判断中的几个困惑 /15
浅谈道路桥梁类申请的审查 /26
实用新型专利审查中涉及物质组分判断方法的研究 /39
新颖性审查基准中关于"惯用手段的直接置换"适用的思考 /49
说明书公开是否充分的判断中如何定位"所属技术领域的技术人员" /58
浅谈不同法律状态下涉及重复授权的几种特殊处理 /68

申请文件的形式审查

浅析有关专利请求书中发明人重复的审查规则 /77
解析《专利法实施细则》第四十条审查中的几点困惑 /83
《专利法实施细则》第四十条的审查中几种善意审查的处理 /91
对原申请不存在单一性缺陷的分案的思考和建议 /99
分案申请中类型填写错误是否允许补救 /108
分案申请中关于申请人、发明人变更的审查 /117

其他文件的形式审查

优先权审查流程研究 /127
优先权主题的审查范围研究 /136
小议依职权修改的范围 /143

明显实质性缺陷的审查

涉及计算机程序的发明创造能否得到实用新型专利的保护

石贤敏　游雪兰

摘要： 本文通过对涉及计算机程序的实用新型专利保护客体问题的相关法规进行解析和探讨，分析了《专利法》第二条第三款的立法本意和审查原则，进而分析了涉及计算机程序的发明创造中什么类型可以得到实用新型专利的保护，而什么类型不能得到实用新型专利的保护，并结合审查实践给出了常见的两种典型类型，以四个案例分析了其是否可以得到实用新型专利的保护，并对审查的原则及标准做了说明，以期对相关审查实践有所帮助。

关键词： 计算机程序；保护客体；方法

一、引言

涉及计算机程序的专利申请能否得到实用新型专利的保护，是近年来最受关注的热点问题。一方面，在电子化、信息化技术普遍使用的今天，计算机程序早已成为工业界相当成熟、普遍应用的技术手段，用计算机程序实现的产品几乎遍布各个技术领域，即使在传统机械领域，今天的技术也常常偏重于改进对机械部件的控制，而不仅仅是对产品结构的改进，不可避免地，申请人也期望能够将其中的创新高度不高的发明创造申请实用新型专利；另一方面，实用新型制度起源于对"model"的保护，从建立伊始，就设立了与发明制度不同的保护范畴，针对计算机程序的改进因不属于对产品的改进而被排除在实用新型专利的保护客体之外。那么，基于技术发展现状，是不是所有包含计算机程序的产品都不能得到实用新型专利的保护呢？

二、对现行审查标准的解读

《专利法》及其实施细则及《专利审查指南2010》在最初制定之时，由于技术发展情况，普遍认为涉及计算机程序的改进并没有对产品的结构、构造进行改进，因此认为计算机程序应该申请发明专利，而不属于实用新型小发明的范畴，并且，基于一些国情方面的考虑，我国明确将计算机程序排除在实用新型专利保护之外，认为其相关申请必须通过更严格的审查制度，而非初步审查制度，去解决其中可能存在的问题，因此，《专利审查指南2010》第一部分第二章第6.1节中明确规定，"一切方法以及……不属于实用新型专利保护的客体。上述方法包括产品的制造方法、使用方法、通讯方法、处理方法、计算机程序以及将产品用于特定用途等。"也就是说，《专利审查指南2010》中将"计算机程序"作为与产品的制造方法、使用方法、通讯方法等方法并列的一种对"方法"的举例，因此，涉及计算机程序的改进被视为是对方法的改进，不属于实用新型的保护客体。此外，这一观点在《专利审查指南2010》第九章也可以得到印证，涉及计算机程序的发明创造被认为不是对产品的硬件构造进行改进的发明创造，在《专利审查指南2010》第二部分第九章中，计算机程序与硬件载体的结合被认为是一种虚拟的模块，其构成的各个组成部分"应当理解为为实现该程序流程各步骤所必须建立的程序模块，由这样一组程序模块限定的装置权利要求应当理解为主要通过说明书记载的计算机程序实现该解决方案的程序模块构架，而不应当理解为主要通过硬件方式实现该解决方案的实体装置"。可见，以计算机程序来解决技术问题的实现方式，其改进被认为主要在于方法流程步骤，而非对产品的改进，因此，如果一项发明创造，其改进主要在于以计算机程序来实现的方法流程的改进，在《专利法》的意义上，就属于对方法的改进，因而不属于《专利法》第二条第三款规定的实用新型的保护客体。这是一个总的原则，也是基调。

然而，是不是所有包含了计算机程序或者其实现的控制功能的发明创造，都属于对方法的改进，不能得到实用新型专利的保护呢？我们知道，近年来，电子信息技术的发展已经使得计算机程序的应用几乎无处不在，在电子技术的相关领域，甚至难以找到一件不含软件程序的硬件产品，一个产品硬件模块的增加或者改变，几乎必然配合以其中软件的控制，软硬件相互配合，紧密结合，难以剥离。那么，如果一件产品只要包含程序软件则不能获得实用新型专利的保护，无疑将一竿子打死几乎所有的电子技术领域的相关申请，这显然难以被广大申请人所接受，会打击电子技术领域申请人的创新热情。

那么，包含了计算机程序的硬件产品是否可以得到实用新型专利的保护呢？是否可以为其找到法律依据呢？我们发现，针对"实用新型专利只保护产品"的审查，《专利审查指南2010》第一部分第二章第6.1节中还采用"应当注意"提示了以下内容，"权利要求可以使用已知方法的名称限定产品的形状、构造"，也就意味着，已知方法的名称是可以被包含在权利要求所体现的技术方案中的，这样做，既可以保障技术方案的清楚、完整，又并没有突破实用新型专利不保护针对方法的改进的法律要求。以此为原则，既然计算机程序被视为其本质是一种方法，那么，如果技术方案中涉及的计算机程序相关特征属于已知技术，则其可以被视同为已知方法，而被允许涵盖在技术方案之中，就使得一件发明创造如果主要针对硬件进行改进，同时需要在硬件中内嵌一些用于常规控制的软件以实现一些已知、常规的功能控制的，也可以以上依据而存在于技术方案中，而其整个技术方案因主要在于硬件的改进，不涉及对软件部分进行了改进，因而也就可以得到实用新型专利的保护。

三、审查实践应用及难点分析

目前的审查实践基本依据以上原则和标准予以审查。在实践中，涉及计算机程序的申请一般而言呈现两种典型的情形：一种为权利要求仅涉及或实质上仅涉及计算机程序本身的改进；另一种为权利要求中既包含硬件的改进，又包含计算机程序。以下我们分别进行讨论，并以具体案例为例进行分析。

1. 权利要求的方案仅涉及或实质上为计算机程序本身的改进

针对情形1，按照《专利法》及《专利审查指南2010》的规定，权利要求中并不包括对于硬件的改进，实质上仅涉及计算机程序本身的改进，那么，即使权利要求撰写为产品权利要求的形式，例如，权利要求中涉及的模块均为以计算机程序流程为依据的程序模块，该权利要求实质上保护的仍是一种方法，不属于实用新型的保护客体。

【案例1】

权利要求："一种确定文本匹配的处理系统，包括如下装置：

特定字符计数装置，用于对输入文本的所有字符进行检测，并对具有目标语言的特定字符代码的特定字符进行计数；

出现率计算装置，用于根据由特定字符计数装置检测的特定字符数和输入文本中的所有字符数，计算特定字符出现率；

存储装置，用于存储特定字符的标准出现率；

比较和判断装置，用于确定所述文本是否相应于与目标语言匹配的特征的文本。"

该案例中，虽然权利要求是一个产品权利要求，但其实质是以计算机流程为依据、按照与计算机流程的各步骤完全对应一致的方式撰写的装置权利要求，就其硬件结构而言，该硬件设备仍然只是一台公知的、具有CPU、存储器等常规构成部件的计算机，所述的特定字符计数、出现率计算、比较及判断实际上均由处理器内部的计算机程序来完成，其与现有技术的区别仅在于其中的计算机程序不同，因此其实质上保护的是一种方法，不属于实用新型的保护客体。

【案例2】

权利要求："一种监控图像处理设备，其特征在于：所述图像处理设备中安装有图像分割器、特征参数提取装置、特征参数判定装置、人脸识别装置、缺陷像素检测单元、边缘检测单元、图像锐化装置、图像恢复装置、帧缓存处理器、存储模块和数字信号处理器。"

根据说明书的记载，现有的监控系统，当拍摄的人处于运动状态时，摄像头拍摄的影像不清楚，该申请通过将拍摄到的图像进行转换和分割，来判定拍摄的图像中是否有人脸，当判定为人脸时，通过对图像数据进行检测和修补，解决了拍摄动图时图片不清晰的问题。

在该申请中，权利要求的主题名称为一种产品权利要求，其包含的部件为图像分割器、特征参数提取装置、特征参数判定装置、人脸识别装置、缺陷像素检测单元等，本领域技术人员根据本领域的公知常识可以判断，所述图像分割器、特征参数提取装置、特征参数判定装置、人脸识别装置、缺陷像素检测单元等模块在图像处理领域中均是由相应的计算机程序来实现的，并且申请人在说明书中也未给出其用硬件实现的方式，因此权利要求中实质上仅涉及了对计算机程序本身提出的改进，其实质上保护的是一种方法，不属于实用新型的保护客体。

以上两个案例，案例1权利要求的表现形式即为以计算机程序为改进的技术方案的常见表现形式，不论是从权利要求的撰写还是结合说明书的描述，均可比较明显地判断出其涉及计算机程序的改进；案例2的权利要求中出现了"装置""器"等可能理解为硬件元件的部件，申请人可能在意见陈述甚至原始说明书中泛泛地表述其可以以硬件元件的形式实现，然而，如果这种陈述和表述与本领域的普通常识相违背，该申请的技术方案主要涉及的是图像处理技术，对图像的切割、像素提取及一系列的处理均是在数字技术的基础之上发展起来的，其实质是图像处理的算法，本领域中并非通过硬件元件来实现，那么，申请人实际上也不可能以举例或者具体描述的方式在说明书中表述或者意见陈述中陈述其如何通过硬件方式予以实现，在此基础之上，应当认定权利要求的方案实质上仍是仅涉及对计算机程序本身提出的改进。总的来说，情形1都属于"不属于实用新型保护客体"的情况。

2.权利要求的方案中既包含对硬件的改进，又包含计算机程序

这种情形实际上是审查实践中更为常见的情形，也是审查的难点，其难点在于对技术方案中涉及的计算机程序相关特征是否为已知技术的判断。对计算机程序是否是已知的判断是比较难于把握的，这是因

为计算机编程技术已经成为普遍性的、本领域普遍技术人员很容易掌握的技术实现手段，大量的实现各种计算、控制功能的大大小小的模块芯片比比皆是，运用它们是非常容易的技术，这就使得在这个领域内，容易和已知的界限模糊，使得审查实践中存在理解上的差异和执行上的难度。并且，审查实践发现，为了规避对实用新型客体的审查，申请人常常将以计算机程序实现的方法特征撰写成产品构件的功能性限定，或者刻意在权利要求中规避计算机程序，仅仅将硬件构成及其连接写入权利要求，而将改进的计算机程序部分不写入权利要求，这些现象也进一步加大了实用新型保护客体的判断难度。

  可见，针对情形2，需要区分和甄别。权利要求的技术方案中如果既包含了对硬件的改进又包含计算机程序，则需要区分其中的计算机程序是否是已知程序，以此确定技术方案的实质是否可以理解为没有对其中的计算机程序做出改进，从而没有涉及对方法本身的改进。这样，原则上将"涉及计算机程序的改进的不属于实用新型的保护客体"及"已知的计算机程序可以写入权利要求中"两条规定结合起来，符合《专利法》及《专利审查指南2010》的规定；在此基础之上，笔者认为，如果所涉及的计算机程序属于为了配合硬件的改进，本领域技术人员利用现有的计算机程序开发平台和熟知的编程方法可以容易实现其功能的简单程序，或者属于已知计算机程序（包括现有协议、标准等）及其常规的、适应性的应用，例如，参数调整、移植变换等，则该权利要求不属于对计算机程序本身提出的改进。从而使得一些必要的、特别简单的、可以理解为适应性的软件应用可以伴随硬件上的改进而存在于技术方案之中，保障技术方案完整清楚，这样的执行标准，更符合技术发展的现状，满足了申请人的合理诉求。但是，对于"既包含硬件的改进，也包含软件的改进"的情形，根据现行法律规定的要求，还是由于"包含了对方法本身的改进"而不能获得实用新型专利的保护。以下给出两个案例。

【案例3】

权利要求:"一种人脸识别智能门锁,包括:处理器模块、镜面、感光器件和LED照明灯,所述处理器模块进一步包括人脸采集模块和人脸识别模块,人脸采集模块和人脸识别模块相连,所述感光器件和所述LDE照明灯分别与所述人脸识别模块连接……所述镜面设置在所述人脸识别智能门锁安装于门外侧的锁体的外表面。"

根据说明书的记载,现有的门锁如果忘带钥匙则无法开门,该申请通过将人脸在镜面上投射的影像与人脸图像采集模块采集到的人脸图像进行匹配比较,并且当外界光强低于设定的阈值时,处理器控制LED照明灯打开,进而提供一种可在夜晚或昏暗环境下进行人脸识别的智能门锁。

该案例中,为解决不用钥匙也能开锁的问题,该申请采用了可以进行人脸识别的采集模块及处理器,以及镜面、感光器件、LED灯等硬件设备,从而使用人脸匹配自动开锁,代替钥匙机械开锁,其中,虽然所述"人脸识别模块"包含人脸识别的计算机程序,但人脸识别技术已经属于现有技术,将人脸识别技术的已知程序应用于门锁并不需要对该程序本身做出改进,并且当外界光强低于设定的阈值时,处理器控制LED照明灯打开,也属于利用现有的计算机程序开发平台和熟知的编程方法很容易实现的简单程序,因此该申请对现有技术的改进在于人脸识别处理器、感光器件、LED灯等硬件设备的添加,其中涉及的人脸识别及控制开灯的计算机程序属于现有技术及已知程序,其技术方案整体上属于实用新型保护的客体。

【案例4】

权利要求:"一种基于超导储能的风电场功率电压平滑装置,其特征在于它包括测量模块、超导储能功率控制模块和超导线圈;超导线圈包括:超导导体卷绕的第1扁平线、在所述第1扁平线圈上沿线圈轴向重叠的由超导导体卷绕的第2扁平线圈、配置在所述第1扁平线圈与所述第2扁平线圈之间的冷却板;所述测量模块采集风电场母线上的电压电流信号,将其通过输电线路送入超导储能功率控制模块,并将处理后的信号输出给超导线圈,控制超导线圈的输出。"

根据说明书的记载,该专利申请主要解决如何利用较小储能量的超导储能系统来解决中大型并网风电场的功率波动可能带来的电能质量问题,主要解决如何利用较小储能量的超实现抑制系统功率波动以及电网电压波动的技术效果。说明书中明确记载,本实用新型的工作方法具体为:(1)测量模块采集电流及电压信号量;(2)将采样得到的电流和电压信号量A/D转换成数字量;(3)超导储能功率控制模块调用计算子程序输出幅度调制比M和相位角alpha……上述步骤(3)要通过软件来实现,其软件流程如下:①初始化程序;②对有功功率数字量进行频谱分析,得到0.01~1Hz的有功功率,根据电压的变化量得到所需补偿的无功功率;③判断超导线圈的过流标志位;④判断超导线圈的过压标志位;⑤判断超导线圈的充磁防磁状态;⑥对输出的功率进行PI控制;⑦调用计算幅度调制比和相位角的子程序;⑧调用CAN发送子程序。

该案例中,根据说明书的记载,其中"超导储能功率控制模块"实质上包含采用计算机程序进行控制的具体的功率控制方法,该计算机程序是本申请专门设计的计算机程序,并在说明书中给出了具体算法公式(由于篇幅所限,未引用其具体算法公式),通过上述功率控制方法解决了所述抑制系统功率波动的技术问题，也就是说，所述技术方案实质上主要依靠"超导储能功率控制模块"中用于功率控制的计算机程序来解决技术问题。那么，该权利要求中既包含了对硬件的改进，即添加了超导线圈及其控制模块，同时，其对"超导储能功率控制模块"的限定实质上包含了对计算机程序本身的改进，因此该权利要求所保护的技术方案实质上包含了对方法本身的改进，不属于实用新型的保护客体。

在以上案例的判断中，我们明显可以看到，审查时需要注意两点：一是判断要基于理解发明的基础；二是要站在本领域技术人员的角度做一定的常识性的基本判断。这两个点实际上都表现出其审查比过去的实用新型审查模式更为深入、实质和合理。首先，在判断权利要求中是否涉及对于计算机程序本身提出的改进时，一般情况下，应以说明书中申请人声称的背景技术作为改进的基础进行判断。以说明书中申请人声称的背景技术作为改进的判断基础，其含义就是首先以申请人的发明构思来判断改进所在，这与《专利法》A22.3所规定的"创造性"是有本质区别的：以申请人的发明构思来判断改进所在，其目的是判断改进的构思是否"入围"，是否属于实用新型的保护客体的范畴，而A22.3的创造性是以检索到的最接近的现有技术来判断其申请是否具有足够的创新高度，可见，前者是门槛性的要求，后者是对创新性的考量，在授权与否的判断中属于比较靠后需要考虑的问题。

其次，当背景技术中的表述过于笼统、不清晰，或者明显违背了本领域技术人员的普遍认知的情况下，则应当从技术方案整体出发，按照本领域普通技术人员的常识性的认知、公知的技术水平来确定改进的对比基础，进而判断相对于对比基础的改进是否涉及了计算机程序本身。如上述案例2中，若申请人声称图像分割器等模块可以通过硬件实现，但首先说明书中并未记载上述模块是通过硬件电路实现的具体方案，并且根据本领域技术人员的常识，所述图像分割器等模块也不可能通过硬件的改进予以实现，此时，就应当以"本领域普通技术人员的常识性的认知、公知的技术水平来确定改进的对比基础"，这样的规定是为了较为合理、符合客观技术认知水平地进行判断，这是一切《专利法》判断的基础。审查员应当明了，上面的"常识性的认知、公知的技术水平"应该是一个很低的标准，不应体现为一篇或者几篇对比文件所揭示的现有技术，而应该是一个特别公知、实际上属于现有技术水平范畴中较低的技术水平。

此外，审查中还有一种典型的现象，即申请人为了规避对实用新型客体的审查，刻意在权利要求中规避计算机程序，仅仅将硬件构成及其连接写入权利要求，如案例4所示的情形，这时，审查应当从整体发明构思的角度进行分析判断，指出其本质必然包括了计算机程序实现的对方法的改进。实际审查过程中，审查员可以在审查意见通知书中首先指出技术方案不完整、独立权利要求缺少必要技术特征或是独立权利要求没有得到说明书的支持的缺陷，再指出基于完整的技术方案必然包含对于计算机程序的改进的问题；也可以直接指出技术方案实质上包含计算机程序，因而实质上不符合《专利法》第二条第三款的规定的问题。

四、结语和展望

目前对涉及计算机程序的实用新型专利申请的保护客体问题进行的讨论和对审查的建议均是基于现阶段相关法规和规定的要求，同时，我们在大量的审查实践中也能发现，随着计算机程序技术的普及，纯针对硬件产品或者主要针对硬件产品的技术革新空间已越来越小，社会各界对于计算机程序应当予以实用新型专利保护的呼声越来越大，同时，国外的专利制度给予计算机程序产品以实用新型专利的保护也不乏先例，因此，我们认为，我国也完全有理由在不久的未来给予计算机程序产品以实用新型专利的保护，到那时，目前的审查标准也将随之变化。

参考文献

【1】中华人民共和国国家知识产权局.中国专利法详解[M].北京：知识产权出版社，2010.

【2】石贤敏，等.实用新型保护客体审查实践研究[R].国家知识产权局专利局专利审查协作中心学术委员会一般课题，2014.

由建筑布局类申请谈"技术方案"判断中的几个困惑

石贤敏　杨杰　张梅霞　范瑾

摘要：在实用新型保护客体的审查中，建筑布局类申请可能涉及是否是技术方案的判断，如何准确判断其是否为技术方案一直是实用新型保护客体审查中的一个难点。本文从相关法律法规解析、审查难点分析两个方面进行阐述，分析说明建筑布局类实用新型专利申请是否为《专利法》意义上的"技术方案"的判断方法，从而解决审查实践中的一些疑惑。

关键词：建筑布局；保护客体；技术方案

一、引言

在实用新型申请中，有一类申请涉及建筑的布局，由于建筑本身可能涉及一些技术的特征，布局中又极有可能涵盖非技术类的人为规划，此类申请需要重点进行保护客体的审查，尤其是针对其是否为技术方案进行甄别和判断。在实际审查操作中，如何准确判断其是否为技术方案一直是实用新型保护客体审查中的一个难点。

二、相关法律法规解析

《专利法》第二条第三款规定：实用新型，是指对产品的形状、构造或者其结合所提出的适于实用的新的技术方案。《专利审查指南2010》第一部分第二章6.3节做了以下解释说明：《专利法》第二条第三款所述的技术方案，是指对要解决的技术问题所采取的利用了自然规律的技术手段的集合。技术手段通常是由技术特征来体现的。未采用技术手段解决技术问题，以获得符合自然规律的技术效果的方案，不属于实用新型专利保护的客体。并且，目前的审查实践中认为：建筑小区、厂区、校园、道路等的布局或者规划，没有解决技术问题的，不属于实用新型的保护客体。

因此，对于建筑布局类实用新型专利申请来说，首先，技术方案三要素属性的认定是最基本的内容。"技术问题""技术手段""技术效果"构成了"技术方案"所必不可少的三要素，也就是说问题、手段、效果都必须有"技术"属性。因此，如果采用了技术手段，解决了技术问题，获得了技术效果，则认为该方案是一个技术方案；反之，不同时满足上述三个条件的则排除在专利保护客体之外，这是在具体审查过程中常用的判断方式。其次，"自然规律"是判断其是技术方案的一个正面因素，而相对应的"布局或规划"则是判断其不是技术方案的一个重要证据。因而，了解"自然规律""布局或规划"的含义显得尤为必要。《现代汉语词典》对"自然规律"进行了以下定义："是存在于自然界的客观事物内部的规律。规律即事物之间的内在的必然联系，这种联系不断重复出现，在一定条件下经常起作用，并且决定着事物必然向着某种趋向发展。规律是客观存在的，不以人们的意志为转移的，但是人们能够认识和利用它。例如，物理学和化学中的原理、定律"。而根据《现代汉语词典》及百度百科，"布局"是对事物的全面规划和安排。比如对作文、绘画等的构思安排，对建设等的设计规划，如工业布局、建设小区布局等。"规划"是个人或组织制订的比较全面长远的发展计划，是对未来整体性、长期性、基本性问题的思考和考量，设计未来整套行动的方案。

现有法律法规中对于技术方案三要素属性的认定、"自然规律"与"人为布局或规划"的区别，是清晰明确的，但由于建筑布局类实用新型专利申请呈现形式丰富多样，导致在技术方案三要素属性的认定、辨别"自然规律"的审查实践中困惑和矛盾比较多。

三、审查难点分析

对于建筑布局类实用新型专利申请保护客体审查中的两大难点——技术方案三要素属性的认定、自然规律的辨别，本文将结合案例分别进行分析说明。

1. 技术方案三要素"技术"属性的认定

建筑布局类实用新型专利申请，由于容易结合非技术的内容，人为规定范畴的手段经常被运用，给技术方案三要素属性的认定带来了一些干扰。并且，在实践中常出现一种怪现象：三要素的属性容易被认定得不统一，比如有些方案采用了技术手段，解决的却看起来不像是技术问题，获得的也非技术效果；有些方案解决的是技术问题，相应获得技术效果，然而其采用的手段却看起来不像是技术的。如何解释这种不一致性？为什么会出现这样的不一致性？实际审查中，遇到初判不一致的情况，三要素中哪一个要素占主导？或者从哪一个要素入手可以使得判断更为容易、更为准确？下面我们通过几个案例进行分析说明。

【案例1】

权利要求：1. 一种标准层为三层的双户型住宅，其特征是：住宅楼标准层为上、中、下三层，其中，中层的一部分与上层构成一个小复式户型，中层的另一部分与下层构成另一个小复式户型。2. 根据权利要求1所述标准层为三层的双户型住宅，其特征是：（1）上层和下层都是由客厅、餐厅、主次卧室、厨房、卫生间和阳台构成，其中客厅和餐厅位于中间，厨房和卫生间位于北侧，主次卧室位于南侧；（2）中层由书房、健身室、卫生间和阳台构成，其中书房位于南侧，卫生间位于北侧，健身室位于中间。

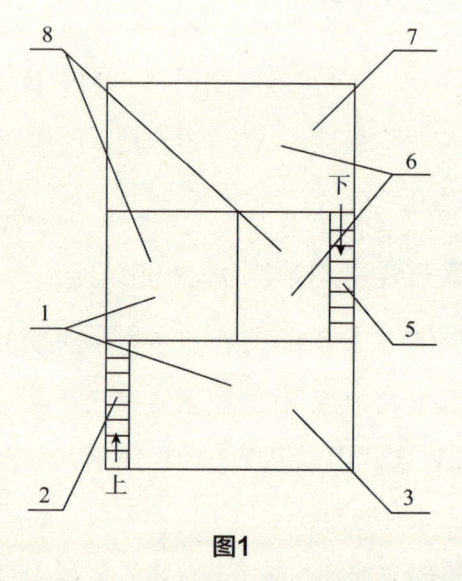

图1

案例分析： 在这个案例中，首先，采用的手段是将三层楼房中的中层分别分给上户和下户两户人家，中层布置上户和下户的书房、健身室、卫生间和阳台，而这明显属于对房间分布的布局或规划，因此，手段不具有技术属性；其次，其要解决的问题是：现有的单层住宅学习时容易受到会客或者客厅内娱乐之类的干扰，因此，本申请设计一种单设书房的"楼中楼"住宅，所要实现的效果是：书房与客厅、餐厅处于不

- 18 -

同楼层，学习时不受或者少受进餐、会客和客厅内娱乐的影响。而这个效果明显是由于人类活动而产生的效果，因此明显不属于技术效果。可见，本案中三要素的技术属性是统一的，均为非技术性的，因此方案不是技术方案。这个案例属于实践中比较明确、不容易产生疑义的情况，以下我们再来看看更为复杂的情况。

【案例2】

权利要求：一种中华人民共和国立体地图沙盘，其特征在于，包括沙盘本体和沙盘底座，所述沙盘本体包括实况模拟的省级行政区划、山体、水体、道路、植被覆盖与城市建筑；每个省为独立的地图单元，具有独立的升降系统，省界轮廓线、省会城市用灯光标志，每个省具有一个代表性建筑模型；长江、黄河为LED灯带；标示出京广、京沪高铁线；海洋部分为蓝色灯光背景，标示出钓鱼岛和黄岩岛，有军舰模型；所述灯带和灯光具有独立的控制开关；各气候带有代表性植被。

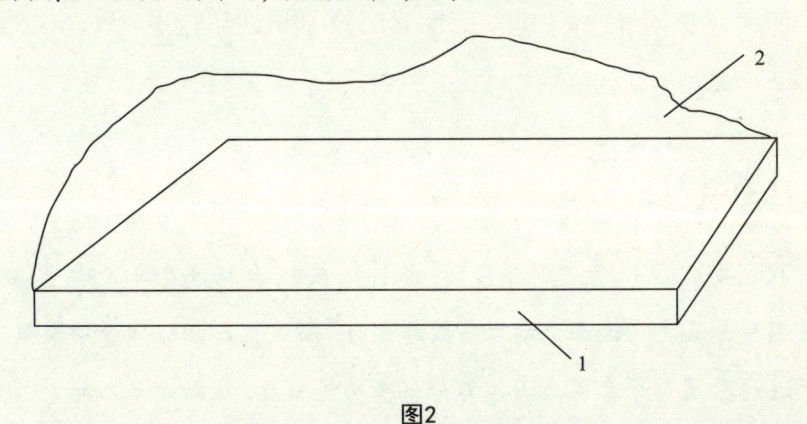

图2

案例分析： 权利要求1要求保护一种沙盘，以已知的中国地图作为基础发明一种立体的沙盘结构，其采用的手段中包含对客观地理位置和形态的再现，如"所述沙盘本体包括实况模拟的省级行政区划、山体、水体、道路、植被覆盖与城市建筑""每个省具有一个代表性建筑模型""标示出京广、京沪高铁线""海洋部分为蓝色灯光背景,标示出钓鱼岛和黄岩岛""各气候带有代表性植被",这些显然不涉及技术内容,但所占比例不小,这对技术方案的判断造成了干扰。为排除这些干扰项,我们就需要从申请文件整体出发进行更为合理的分析和判断。

首先,由说明书记载的"沙盘能够根据教学需要,使各省地域升降起伏,省界轮廓以及河流、海洋通过灯光、灯带闪现控制,有利于在教学中产生直观的、如临其境的效果",可知本申请所要解决的问题是地理沙盘在展现效果上的醒目和直观,而"展现效果上的醒目和直观"就使得问题和效果具有了技术属性。其次,为解决上述问题而采用的手段为"(各省版块)具有独立的升降系统""省界轮廓线、省会城市用灯光标志""长江、黄河为LED灯带"以及"所述灯带和灯光具有独立的控制开关",在沙盘结构中结合光电技术和升降手段,使得手段具有了技术属性。由此,三要素的技术属性达成了一致,该方案是技术方案。

【案例3】

权利要求:一种生态地下陵园,其特征在于,包括建在地下2.5米以下的陵园部分及建在地面上的生态园林部分,所述生态园林部分中设置有用于连通陵园部分及生态园林部分的多功能大厅,从所述多功能大厅至陵园部分设置有楼梯或/和电梯或/和滚梯;

所述陵园部分包括用于存放骨灰盒的多层建筑结构,每一层包含多个用于存放骨灰盒的独立封闭空间和/或非封闭空间及用于行走的多条交错的通道;

所述每层的独立封闭空间和/或非封闭空间均设置有与地面相连通的用于拔升空气的通风井和/或用于采光的采光井；

所述每个结构层均设置有承重柱；所述每个结构层均设置有空调系统。

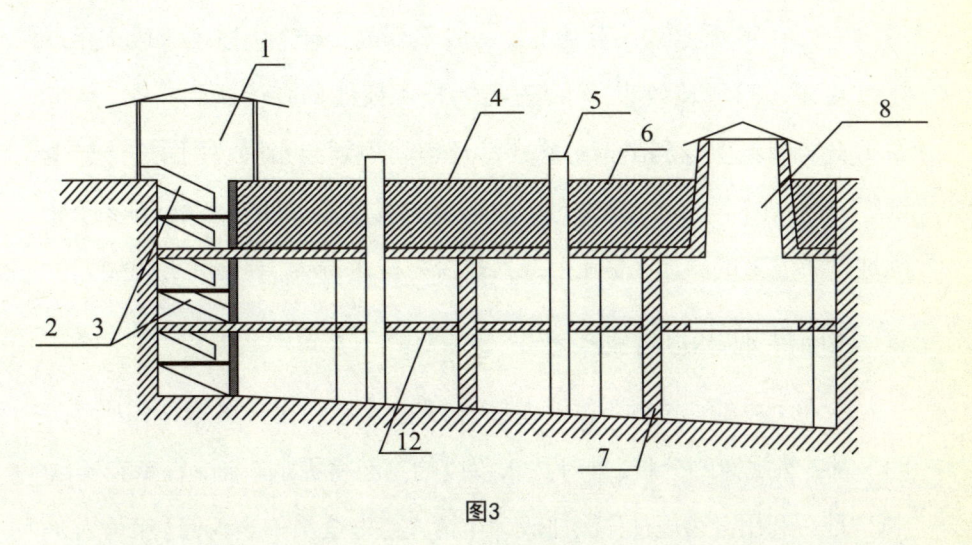

图3

案例分析： 从手段来看，本申请权利要求中记载的手段中包含布局规划的内容，易对技术方案的判断造成干扰，从问题和效果看，根据说明书的记载，本申请针对现有的公墓形式由于需要占用较大的土地一般均设置在距离城市较远的地方，不利于节约土地资源，也不利于亲人祭拜的问题，问题本身的技术属性比较模糊，这对技术方案的判断又增加了难度。

进一步探求其方案，本申请针对上述问题，采用的手段是：立体结构（地下陵园），具体来说就是分为多层的地下陵园、地下通道、楼梯、电梯、采光井、通风井、支撑柱等组成部分，属于技术手段。解决了空间问题，达到了"减小墓地的占地空间"的效果，问题和效果也有了技术属性。而地上生态园林的设立是为了实现绿化和美观，属于解决了空间问题之后的附加性问题。由此，技术方案三要素达到了统一，该方案

-21-

是技术方案。

通过以上三个案例，我们发现，技术方案三要素的技术属性经过进一步的分析都是统一的，均为技术性的或者均为非技术性的，不会出现其中的一个要素的技术属性与其他要素的技术属性不一致的情形。并且，由哪个要素入手并不是一成不变的，无论从技术手段入手，还是从技术问题及效果入手，三者的技术属性均应该达到一致。建筑布局类实用新型专利申请经常会涉及空间规划与布局、平面设计与规划等干扰性因素，因此通过对三要素技术属性一致性的考察，深刻、准确地理解方案的实质，准确把握其是否为技术方案，显得尤为重要。

2.自然规律的辨别

技术手段的"技术"属性主要体现在其是利用自然规律，因而借助于对自然规律的分析，针对技术手段的判断将更加明晰。在审查实践中，"是否利用自然规律"往往成为申请人与审查员的争议点，申请人在申请文件中提到的自然规律是否真的被利用、如何被利用在方案中？如果利用的不是自然规律，那究竟是什么性质的规律呢？下面我们通过几个案例进行分析说明。

【案例4】

权利要求：一种畜禽养殖加工园区，其特征在于，该园区包括饲料加工厂、种源养殖区、繁育孵化区、商品养殖区、屠宰厂和食品加工厂；

所述繁育孵化区，繁育和孵化畜禽幼种；

所述种源养殖区，与所述繁育孵化区的距离不超过2千米，将所述畜禽幼种中的一部分作为用于保持数量的畜禽种源进行养殖；

所述商品养殖区，与所述繁育孵化区的距离不超过2千米，将所述畜禽幼种中的剩余部分作为用于加工的畜禽商品种进行养殖；

所述屠宰厂，与所述商品养殖区的距离不超过2千米，将所述商品种养殖得到的畜禽成品进行屠宰；

所述食品加工厂，与所述屠宰厂的距离不超过2千米，将所述屠宰得到的食用部分加工为畜禽商品。

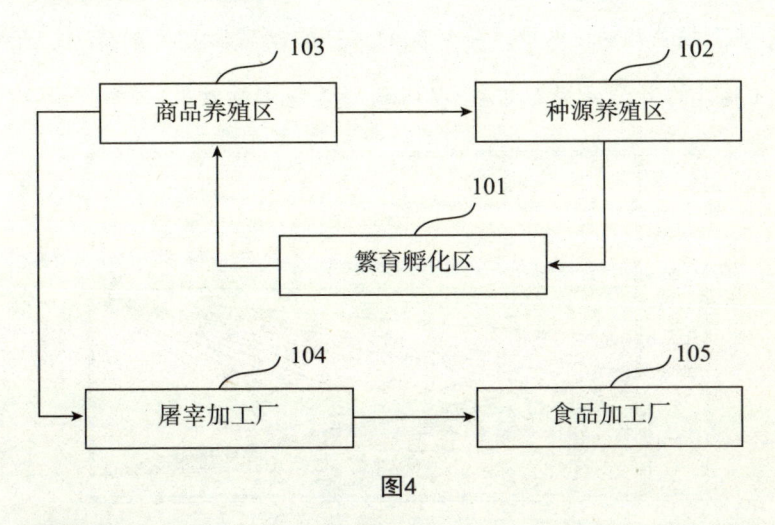

图4

案例分析：根据说明书的记载可知，本申请通过将多个禽类加工环节中的加工点之间的距离聚集在2千米内的手段，集中设置各厂区，从而大大节省劳动力和管理成本，提高了养殖效率。这其中的规律就是，将各加工点聚集在一定的短距离（2千米）之内，必然会节省劳动力和管理成本，这个规律显然是经营管理范围内的规律，属于商业运行范畴内的规律，而不属于科学技术范畴的自然规律。基于这个规律的手段的运用，显然不是技术手段，也没有解决技术问题。这个案例属于实践中比较明确的情况，以下我们再来看看更为复杂的情况。

【案例5】

权利要求：一种影院座椅的排列结构，包括：在银幕前固定安装的一百个以上的固定座席,其特征在于,所述的固定座席的第一排座席的座椅为躺椅,所述的躺椅座托与靠背之间的角度在100°~140°可调。

根据说明书的记载,传统电影院的座椅的大小和形式基本一样,靠背和座托之间的角度也基本一致,观众在看电影时,其躯干的坐姿角度受到座椅角度的限制,尤其第一排的观众需要长时间地抬头看银幕,会出现疲劳感,甚至损伤颈椎。本申请将影院的第一排座席设置为躺椅,使观众可以接近躺卧的舒适姿势看电影,以达到舒适观影的效果。

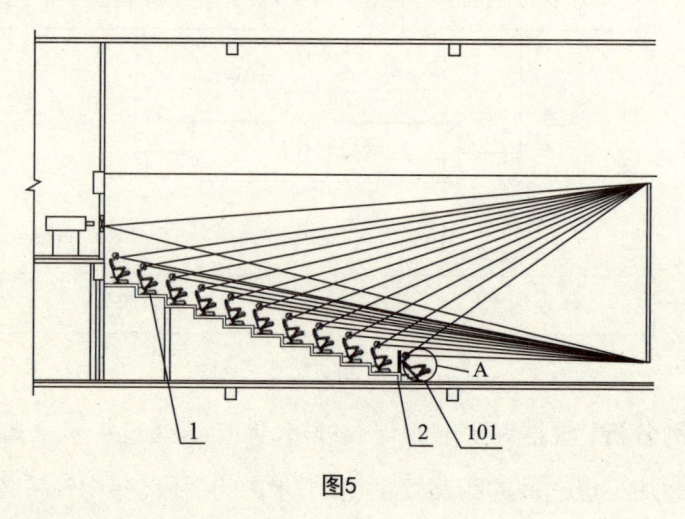

图5

案例分析: 本申请要解决的问题是"第一排的观众需要长时间地抬头看银幕,会出现疲劳感,甚至损伤颈椎",达到"舒适观影"的效果,问题和效果具有技术属性。问题在于"将第一排座椅改为躺椅"的手段是一种技术手段还是布局规划?回溯到申请人的发明目的和方案本身,其想达到的"舒适"虽然是一种人体感受,但具体到本案的"舒适"则是"避免出现疲劳感,甚至损伤颈椎",而躺椅能使得人观影时不需要仰视,这显然符合人体工程学的普遍性规律,因此,属于采用了自然规律的技术手段。

通过以上两个案例,我们不但分析了方案有没有利用自然规律,还深入地分析了其利用的是什么样的非自然规律，这就对是否利用自然规律的问题有了更深的理解，从而可以做出精准的判断。

四、小结

技术方案三要素的技术属性均是统一的，不会出现其中的一个要素的技术属性与其他要素的技术属性不一致的情形。审查实践中，如果能解释清楚三要素的技术属性的一致性，则可以化解对三要素中任何一个要素的不准确理解，使得对技术方案的认定更加准确。至于从哪个要素入手并不是一成不变的，我们可以根据具体案情，从技术属性更为确定的要素入手。无论从哪个要素入手，都应该以达到三要素技术属性的一致性为原则和最终结果，才能保障方案技术属性的准确判定。

由于建筑布局类实用新型专利申请容易结合非技术的内容，人为规定范畴的手段经常被运用，呈现形式也较为丰富多样，导致无论是问题、效果，还是手段，经常会出现一定的干扰因素，只有紧紧扣住手段产生的直接的效果，才能合理地解释三要素技术属性的一致性。

由于建筑布局类实用新型专利申请接近日常经济和社会生活，非自然规律是一种普遍的存在，并且其运用往往依托于一定的常用技术手段。这种情况下，对其中运用的规律到底是什么范畴内的非自然规律做出清晰的解释，才能真正说明有没有利用自然规律的问题，才能清晰、准确地进行保护客体的判断。

注：本文所使用的案例均来源于专利公开文本。

浅谈道路桥梁类申请的审查

杨 杰　李 欣　张 桦　刘 浩

摘要： 道路桥梁类实用新型专利申请的审查一直是审查中的一个难点，在实际审查操作中，其是否属于智力活动的规则，是否属于保护客体，一直存在一些矛盾和争议。本文从道路桥梁类专利申请的类型、案例分析两个方面进行阐述，试图解决审查实践中的一些疑惑。

关键词： 道路桥梁；智力活动规则；保护客体

一、道路桥梁类实用新型专利申请的主要类型

道路桥梁类实用新型专利申请可能涉及的类型主要有：道路布局或规划、交通行车规则。对于道路布局或规划，现有审查实践中通常的做法是：建筑小区、厂区、校园、道路等的布局或者规划，没有解决技术问题的，不属于实用新型的保护客体。对于交通行车规则，《专利审查指南2010》第二部分第一章4.2节以举例说明的方式将"交通行车规则"归为智力活动，而《专利法》第二十五条规定智力活动的规则和方法不授予专利权。

现有法律法规虽明确将上述两种情况排除在实用新型专利授权范围内，但是审查实践中，道路布局或规划、交通行车规则（下文简称"人为布局或规则"）的呈现形式较为丰富，并且多和实体结构技术特征混合撰写，颇具迷惑性。结合审查实践，本文对于道路桥梁类实用新型专利申请的类型、特点、判断方式进行了分类说明，主要有以下几种类型。

1. 仅涉及道路桥梁实体结构的改进

这类申请一般比较简单明确，由于仅涉及实体结构形状或构造的改进，明显属于实用新型专利的保护客体。

2. 仅涉及道路桥梁布局的改进

这类申请由于仅涉及道路桥梁布局的改进，明显不属于实用新型的保护客体。但是在实际审查中，这种申请数量较少。

3. 仅涉及道路桥梁通行规则的改进

这类申请的特点也相对比较鲜明，一般情况下权利要求整体均是对道路桥梁通行规则的改进，明显不应予以保护，其中存在的缺陷可能为以下两种：首先，《专利审查指南2010》第二部分第一章4.2节以举例说明的方式将"交通行车规则"归为智力活动的规则和方法，属于《专利法》第二十五条第一款第（二）项规定的不授予专利权的情形。由于其没有采用技术手段或者利用自然规律，也未解决技术问题和产生技术效果，因而不构成技术方案，因此，也不符合《专利法》第二条第二款的规定。可见，此类申请既不符合《专利法》第二条第三款的规定，又属于《专利法》第二十五条第一款第（二）项规定的情形。因此，在审查实践中，采取任一法条均是合理可行的。

但是应当注意的是：如果一项权利要求在对其进行限定的全部内容中既包含智力活动的规则和方法的内容，又包含技术特征，则该权利要求就整体而言并不是一种智力活动的规则和方法，不应当依据《专利法》第二十五条排除其获得专利权的可能性。

4.道路桥梁实体结构、人为布局或规则均有改进

这类案件相对较为复杂，也是审查实践中较为常见的类型。这类案件主要有两种呈现形式：（1）发明点在于实体结构的改进，采用了技术手段，解决了技术问题，达到了技术效果。（2）实体结构和人为布局或规则均进行改进，实体结构和人为布局或规则相互配合才能解决其声称的技术问题，脱离了人为布局或规则无法解决其声称的技术问题。

对于第一种情形，对于实体结构部分的改进应该予以保护。

对于第二种情形，由于权利要求包含实体结构技术特征，权利要求就整体而言并不是一种智力活动的规则和方法，不应当依据《专利法》第二十五条排除其获得专利权的可能性。但是由于实体结构的改进并不能解决其声称的技术问题，或者说人为布局或规则是解决其声称的技术问题所必不可少的。因此，长期以来，审查实践认为其技术方案中包含人为布局或规划，未采用技术手段解决技术问题，因而不构成技术方案，不符合《专利法》第二条第三款的规定。但是也有一种观点认为：如果对道路桥梁的形状、构造进行了改进，比如对道路桥梁实体、相互之间的空间位置关系等进行了改进，上述空间上的构造需要采用工程技术手段才能够实现，且这种空间上构造的改进客观上能解决一定的技术问题，并不是一种人为的规划和布置，应该属于实用新型的保护客体。

上述两种观点均有其合理的一面，前者重点考虑了其"人为布局或

规划"的部分，后者重点考虑了其"实体结构"的部分，但也都存在"一面之词"的嫌疑，相对片面。为全面认识技术方案以给出更为合理的处理方式，笔者建议，从申请人发明意图出发，了解人为布局或规划在解决其声称的技术问题上所起的作用，由于实体结构和人为布局或规则相互配合才能解决其声称的技术问题，脱离了人为布局或规则无法解决其声称的技术问题，笔者认为其可参照《专利审查指南2010》中对已知方法、方法特征的认定和判断进行处理：如果权利要求的表现形式是一种产品权利要求，虽然权利要求中包含实体结构部分，但其实质上只是人为布局或规划实施的载体，其服务于人为布局或规划，则方案整体上还是对于道路桥梁布局或者通行规则的改进，因而实质是对于方法的改进，不属于实用新型的保护客体。这样既避免了第一种处理方式中，忽视权利要求中的实体结构，指出权利要求整体是"人为布局或规划"的问题，也避免了第二种处理方式中，忽视"人为布局或规划"在技术方案中起到的关键作用的问题，属于比较合理的处理方式。

下面我们将以案例的形式对上述几种类型及其处理方式进行更为直观的说明。

二、案例分析

【案例1】

权利要求：一种自动人行道上头部导轨型梯路，包括头部支撑架、梯路导轨及其连接件（图1），其特征在于：各梯路导轨通过连接件直接与自动人行道的桁架（16）连接固定，它还设有桁架支撑组件，桁架支撑件包括若干个横梁（7）、若干个副轨连接板（10），横梁（7）、副轨连接板

（10）均设置在桁架（16）中并与桁架（16）固定，主轨（1）通过至少4个主轨连接件（8）与横梁（7）或与固定在横梁（7）上的支撑杆相固定，从而将主轨（1）连接固定到桁架（16）上，压轨（2）和返轨（3）通过至少4个副轨连接支架（11）与副轨连接板（10）相固定，从而将压轨（2）和返轨（3）都连接固定到桁架（16）上。

本发明所要解决的技术问题是：提供一种自动人行道上头部导轨型梯路及其自动人行道，是将导轨通过连接件直接连接固定在桁架上，从而替代侧板焊接结构的梯路，以填补现有技术的不足，提高人行道上头部梯路的质量和稳定性，降低工人的劳动强度以及人行道制造成本。

其说明书附图如图1所示。

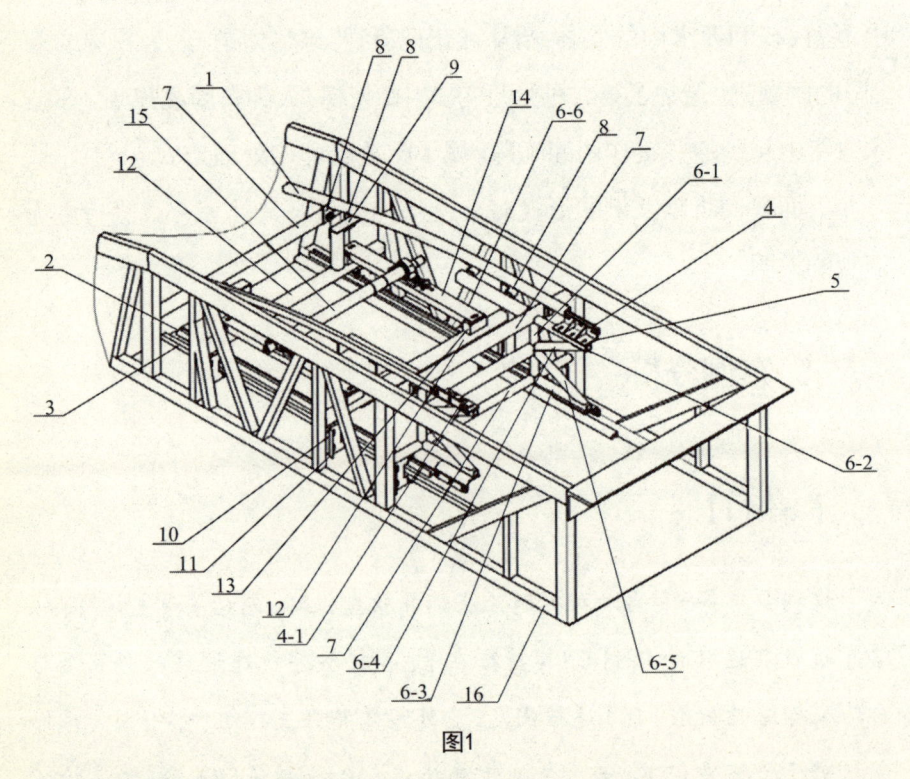

图1

案例分析： 该案例要解决的技术问题是：提高人行道上头部梯路

的质量和稳定性，降低工人的劳动强度以及人行道制造成本，采用的技术手段是"将导轨通过连接件直接连接固定在桁架上，从而替代侧板焊接结构的梯路"。明显采用了技术手段，并且解决了技术问题，因此，属于实用新型的保护客体。

【案例2】

权利要求：一种两次停车左转车道结构，包括左转车道10、设置在所述左转车道右侧的直行车道20，其特征在于：所述车道结构还包括第一待行区40、第二待行区50；所述第一待行区40设置在左转车道10的前方，所述第二待行区50设置在所述左转车道10的前部。

下面的说明书附图（图2）中从左至右分别指代的是：两次停车左转车道结构的一具体实施例的结构俯视图，在直行车道的道路信号灯为红灯相位、左转车道的道路信号灯为红灯相位时的车道结构的俯视图，在直行车道的道路信号灯为绿灯相位、左转车道的道路信号灯为红灯相位时的车道结构的俯视图，在直行车道的道路信号灯为红灯相位、左转车道的道路信号灯为绿灯相位时的车道结构的俯视图。

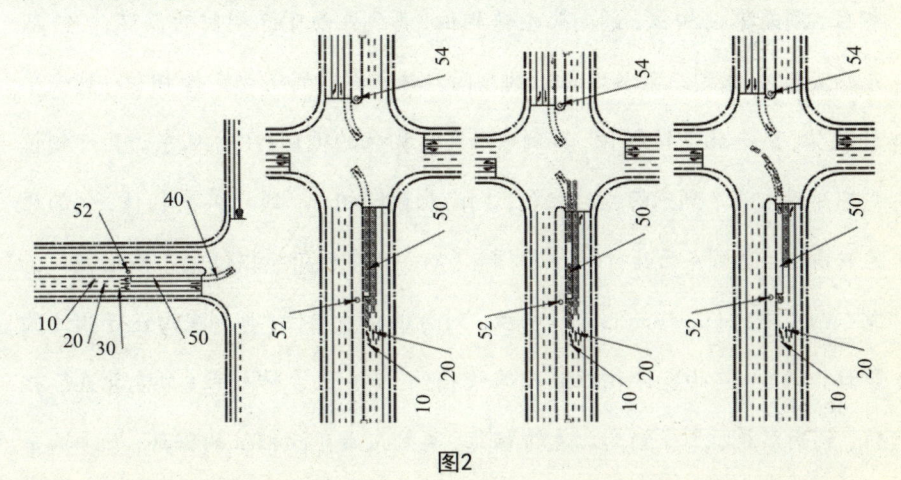

图2

案例分析： 该案例要解决的问题是：提供一种两次停车左转车道结构，以对现有技术的车道结构的直行车道通行能力弱的缺陷进行改进。为了解决该问题，采用的手段是：设置第一待行区40和第二待行区50，该手段明显是在道路面上人为划分功能区域，并不是利用自然规律的技术手段，其解决的问题也不是技术问题，因此，不属于实用新型专利的保护客体。

【案例3】

权利要求：一种十字交叉口交通信号控制系统，其特征是根据交叉口所有直行和左转弯机动车流每时段的实际交通流量和交叉口间信号协调控制的需要为各时段选择符合下面的9种拓扑方案之一的整幅路权系统的相位和相位顺序：(1)从东西直行相位到东西左转相位，到南北直行相位，到南北左转相位，再到东西直行相位的循环；(2)从东西直行相位到东西左转相位，到南北直行相位，到北单放相位，到南北左转相位，再到东西直行相位的循环；(3)从东西直行相位到东西左转相位，到南北直行相位，到南单放相位，到南北左转相位，再到东西直行相位的循环；(4)从东西直行相位到东单放相位，到东西左转相位，到南北直行相位，到南单放相位，到南北左转相位，再到东西直行相位的循环；(5)从东西直行相位到东单放相位，到东西左转相位，到南北直行相位，到北单放相位，到南北左转相位，再到东西直行相位的循环；(6)从东西直行相位到东单放相位，到东西左转相位，到南北直行相位，到南北左转相位，再到东西直行相位的循环；(7)从东西直行相位到西单放相位，到东西左转相位，到南北直行相位，到南单放相位，到南北左转相位，再到东西直行相位的循环；(8)从东西直行相位到西单放相位，到东西左转相位，到南北直行相位，到北单放相位，到南北左转相位，再到东西直行相位的循环；(9)从东西直行相位到西单放相位，到东西左转相位，到南北直行相位，到南北左转相位，再到东西直行相位的循环。

其说明书附图如图3所示。

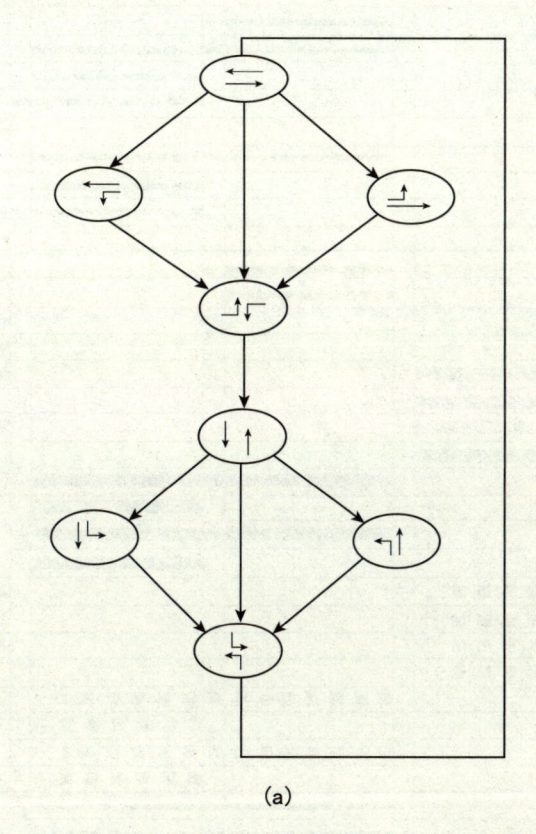

(a)

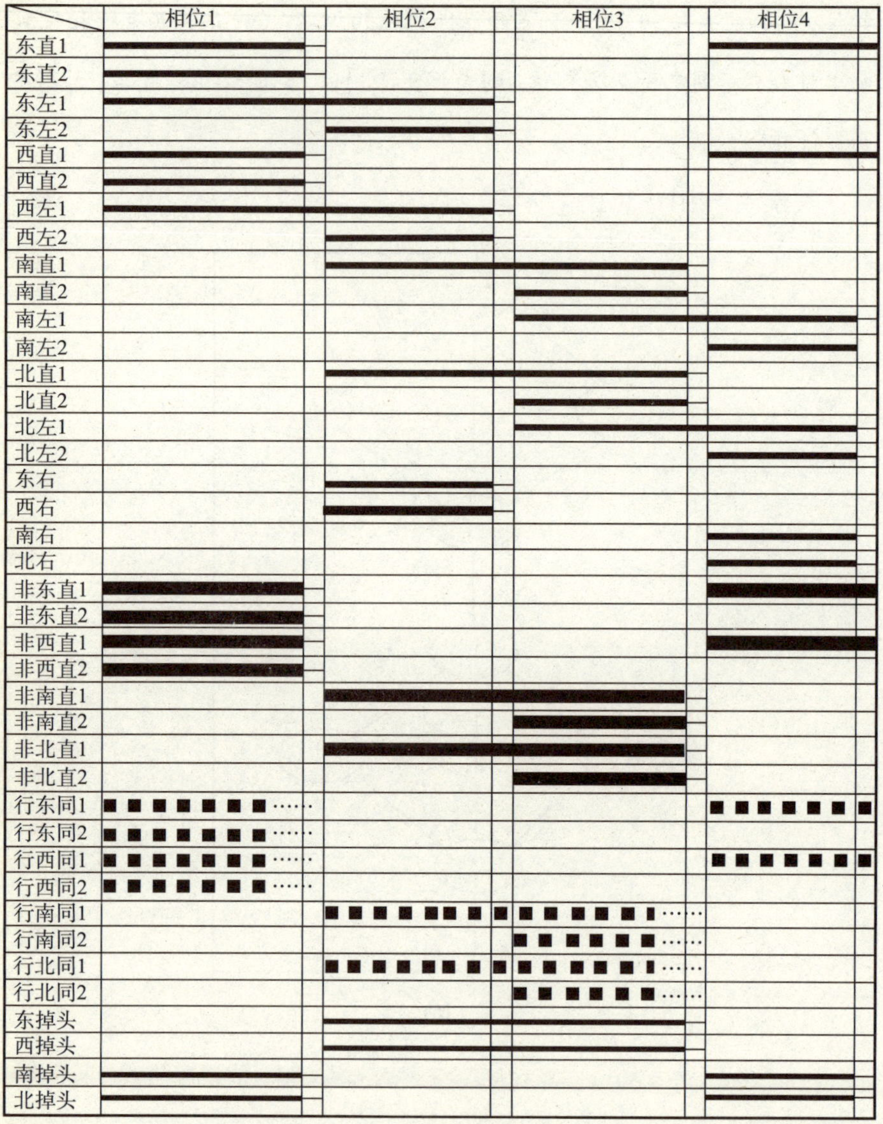

	相位1	相位2	相位3	相位4
东直1	▬▬▬▬			▬▬▬▬
东直2	▬▬▬▬			
东左1		▬▬▬▬		
东左2		▬▬▬▬		
西直1	▬▬▬▬			▬▬▬▬
西直2	▬▬▬▬			
西左1		▬▬▬▬		
西左2		▬▬▬▬		
南直1			▬▬▬▬	
南直2			▬▬▬▬	
南左1				▬▬▬▬
南左2				▬▬▬▬
北直1			▬▬▬▬	
北直2			▬▬▬▬	
北左1				▬▬▬▬
北左2				▬▬▬▬
东右		▬▬▬▬		
西右		▬▬▬▬		
南右				▬▬▬▬
北右				▬▬▬▬
非东直1	▬▬▬▬			▬▬▬▬
非东直2	▬▬▬▬			
非西直1	▬▬▬▬			▬▬▬▬
非西直2	▬▬▬▬			
非南直1		▬▬▬▬	▬▬▬▬	
非南直2			▬▬▬▬	
非北直1		▬▬▬▬	▬▬▬▬	
非北直2			▬▬▬▬	
行东同1	■ ■ ■ ■ ……			■ ■ ■ ■
行东同2	■ ■ ■ ■ ……			
行西同1	■ ■ ■ ■ ……			■ ■ ■ ■
行西同2	■ ■ ■ ■ ……			
行南同1		■ ■ ■ ■	■ ■ ■ ■ ……	
行南同2			■ ■ ■ ■ ……	
行北同1		■ ■ ■ ■	■ ■ ■ ■ ……	
行北同2			■ ■ ■ ■ ……	
东掉头		▬▬▬▬		
西掉头		▬▬▬▬		
南掉头				▬▬▬▬
北掉头				▬▬▬▬

(b)

图3

案例分析： 本案权利要求整体规定了平面交叉路口的交通行车规则：从东西直行相位到东西左转相位，到南北直行相位，到南北左转相位，再到东西直行相位的循环，其属于《专利法》第二十五条第一款第（二）项规定的不授予专利权的智力活动的规则和方法的范围。同时，由于其没有采用技术手段或者利用自然规律，也未解决技术问题和产生技术效果，因而不构成技术方案。因此，也不符合《专利法》第二条第三款的规定。

【案例4】

权利要求：一种由交通信号控制的平面交叉路口的分离不同流向的交通流的交通冲突点的时空分离系统，其特征是：按每个半幅路面的具体交通情况合理统筹安排交通信号机的整幅路权的相位时序，分离交通冲突点，使一些交通流在其获得整幅路面通行路权前的一个相位时间内，其路口内渠化道路的前半幅路面上无其他左转或直行的机动车有路权，可在交通冲突点分离的前提下保证安全；同一个交通流的前半幅路权信号A、整幅路面放行的绿灯信号、后半幅路权信号B三者所在的相位顺次相连，这三个信号出现的时间也顺次相连。

其说明书附图如图4所示。

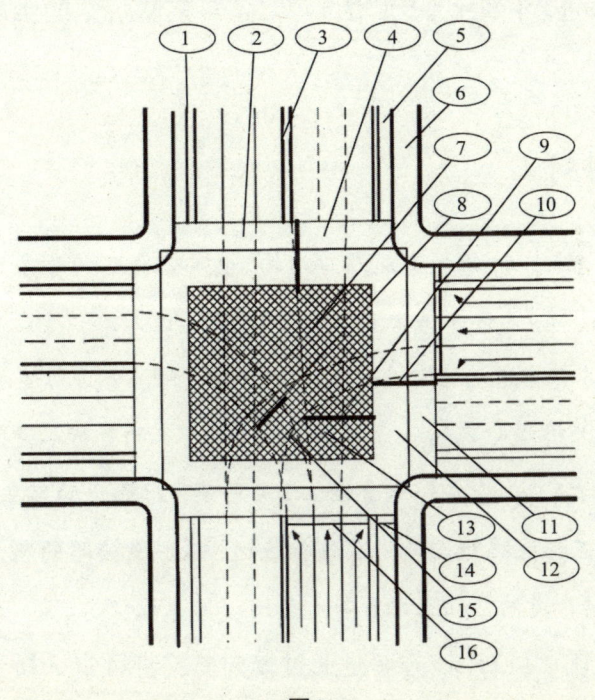

图4

案例分析： 本案中规定了车辆通过平面交叉路口时的交通行车规则，这一点和上一案例相同，但是不同的是，本案还对"信号"这一技术特征进行了限定，导致权利要求中既包含智力活动的规则和方法的内容，又包含技术特征，因而，该权利要求就整体而言并不是一种智力活动的规则和方法，不应当依据《专利法》第二十五条排除其获得专利权的可能性。

回到技术方案本身，本案要解决的问题是：规范交通秩序、提高路口通行能力、提高行人的过路能力、缩小机动车路口信号控制中"最小绿灯时间"的限制。采用的手段是：由交通信号控制的平面交叉路口的分离不同流向的交通流的交通冲突点的时空分离方法。所以，虽然存在"信号"这一技术特征，但是其是服务于交通行车规则的，脱离了交通行车规则的信号并不能解决其声称的问题。因此，方案实质是对方法进行的改进，不属于《专利法》第二条第三款规定的实用新型保护客体。

【案例5】

权利要求： 一种新型交通路口结构，十字交通路的每条道路由隔离带分为左右两部，右部车道由直行车道、左转车道以及位于最右侧的右转车道组成，左部车道为右部车道的对称反向行驶车道；所述横向道路的直行车道经天桥通行以跨过十字路口，纵向道路的直行车道经地下隧道通行以跨过十字路口，左转车道经位于天桥下方路面上的环岛通行，所述右转车道经弧形连接路与另一道路相连通，弧形连接路的路面上设置有人行道，左转车道的路面上设置有人行道。

结合说明书可知，该方案是通过横向道路直行走天桥、左转走地面环岛、右转走专用车道，纵向道路直行走地下隧道、左转走地面环岛、右转走专用车道来实现车辆分离，达到缓解十字路口交通拥堵的目的。

其说明书附图如图5所示。

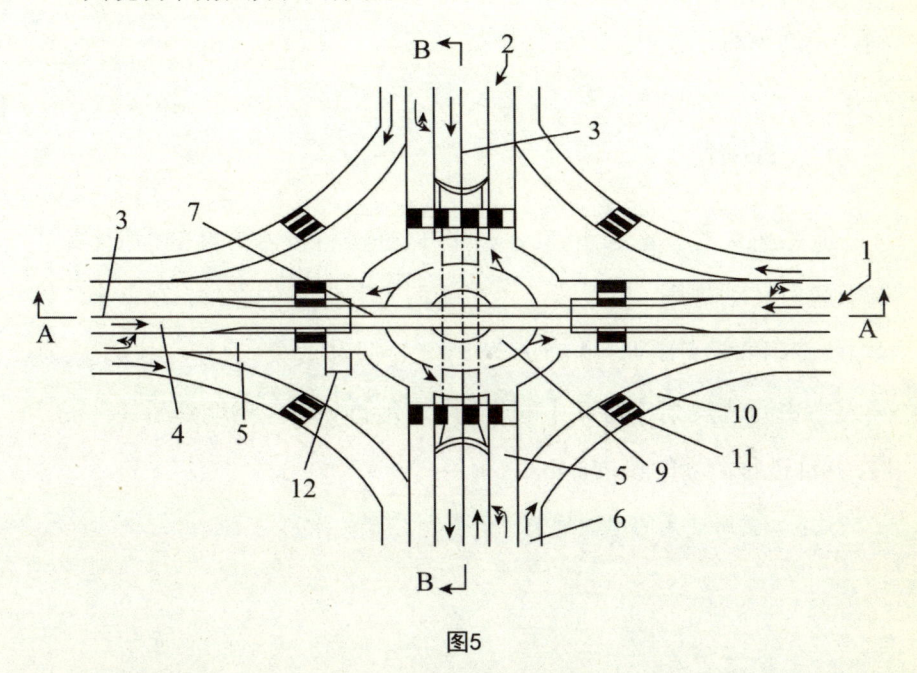

图5

案例分析： 从技术方案的整体来看，权利要求用较多篇幅描述了构成交通路口的地面车道、环岛、天桥、地下隧道各实体之间的连接构造和空间位置关系等，将通行规则隐晦地附着在上述实体部件上，对于我们判断产生了较大干扰。

这就需要我们回到本申请方案上来了解人为布局或规划在解决其声称的技术问题上所起的作用：本案中对于地面车道、环岛、天桥、地下隧道之间的连接构造和空间位置关系等进行了改进，但是仅有上述改进并不能实现车辆"分离，缓解十字路口交通拥堵"的效果，必须依赖"横向道路直行走天桥、左转走地面环岛、右转走专用车道，纵向道路直行走地下隧道、左转走地面环岛、右转走专用车道"这些人为布局或规划。因而，方案实质上是对方法提出的改进，不属于实用新型的保护客体。

通过对以上案例分析可以得出,对于道路桥梁类实用新型专利申请,需要从整体去把握,明确人为布局或规划起到的作用,才能做出正确合理的判断。

三、结语

道路桥梁类申请的审查,一个重点是辨析技术方案的性质,是否属于智力活动规则,是否属于实用新型专利保护的客体。在审查实践中,从发明的构思出发,准确认定问题、手段和效果,分辨干扰因素,明确人为布局或规划在方案中的作用,才能准确、客观地判断案件的实质,并且进行清晰的说理。

注:本文所使用的案例均来源于专利公开文本。

实用新型专利审查中涉及物质组分判断方法的研究

刘岩磊

摘要： 本文主要通过介绍实用新型保护客体的审查中对涉及物质组分申请审查的相关规定，分析了审查实践中对物质组分认定的三种观点，即"物质反应说""宏观、微观说""位置关系说"，结合案例分析了其在保护客体判断中的作用及是否准确，进一步明确了涉及物质、组分的客体审查标准，并针对实践给出了处理建议。

关键词： 物质组分；产品形状、构造；物质反应说；宏观、微观说；位置关系说；合理质疑

一、实用新型专利中产品构造及物质组分的相关概念

1.实用新型专利中产品形状、构造的概念

在审查实践中，涉及组分的申请是否属于实用新型专利保护的客体，一直是一个热点论题。根据专利法第二条第三款的规定，专利法所称实用新型，是指对产品的形状、构造或者其结合所提出的适于实用的

新的技术方案。《专利审查指南2010》进一步强调了实用新型专利只保护经过产业方法制造的，有确定形状、构造且占据一定空间的实体产品，同时规定，对于既包括材料本身的改进，又包括针对产品形状、构造提出的改进技术方案中，只保护针对产品形状、构造改进的部分，可以看出，实用新型专利保护客体对于涉及"材料本身改进"的技术方案是一种予以排除的态度。

对于"产品的形状、构造"，《专利审查指南2010》中明确了"产品的形状是指产品所具有的、可以从外部观察到的确定的空间形状"。对产品形状所提出的改进可以是对产品的三维形态所提出的改进，例如对凸轮形状、刀具形状做出的改进；也可以是对产品的二维形态所提出的改进，例如对型材的断面形状的改进。产品的构造是指产品的各个组成部分的安排、组织和相互关系。复合层可以认为是产品的构造，产品的渗碳层、氧化层等属于复合层结构。这样的规定，体现了实用新型制度最初起源于对有形"model"的保护的思想，是对其中"有形"的进一步细化，并基本追随了技术发展的变化。

2. 物质组分的相关概念

物质组分的概念具有一定的抽象性和不确定性，一般而言，在自然科学中，物质的组分的含义既有混合物中的各个物质的"构成结构"的表意，也有构成事物的各种不同的物质或因素的"组成成分"的表意。而在专利法中，根据相关主题分类，在技术主题部分分类中明确了"材料。例如：组成混合物的各种组分"，强调了物质组分的"组成成分"表意，就专利法意义而言，物质的组分的改变被认为是一种材料本身的改进。材料包括各种物质、中间产品以及用于制造产品的组合物。例如：混凝土，其组成材料是水泥、沙石、水。

《专利审查指南2010》明确规定物质的分子结构、组分、金相结构等不属于实用新型专利给予保护的产品的构造。并进一步补充说明了以下两点：

（1）权利要求中可以包含已知材料的名称，即可以将现有技术中的已知材料应用于具有形状、构造的产品上，例如复合木地板、塑料杯、记忆合金制成的心脏导管支架等，不属于对材料本身提出的改进。

（2）如果权利要求中既包含形状、构造特征，又包含对材料本身提出的改进，则不属于实用新型专利保护的客体。

可见，实用新型专利想要完全排除的是涉及"材料本身改进"的技术方案，而对于以已知材料名称进行的结构限定及已知的材料成分进行的整体结构限定予以保护。那么，对于在现实中占比较大的"物质组分"类专利申请，在审查实践中如何准确地判断"材料本身改进"呢？这就需要对于物质组分的概念及划界有一个清晰明确的解释。

然而审查实践中对于"物质组分"可能涉及的化学反应、物理变化、微观结构、宏观结构、组成物质成分的动静态势、在不同技术领域中物质组分的具体表现形式等相关概念进行准确的区分判断存在一定的难度，这也就导致了不同的判断标准学说应运而生，以下笔者将对它们进行分析讨论。

二、对几种判断学说的分析

1.物质反应说——判断物质的各组成成分是通过化学反应还是物理变化形成

"物质反应说"按照物质形成的过程，将物质分成化学反应形成和物理变化形成两类，并认为，基于化学反应形成的物质肯定涉及新的物质组分，不属于实用新型专利保护客体，而物理变化并没有改变物质的实质结构,没有改变物质本身,因此属于实用新型专利的保护客体。该观点的理论依据是基于化学反应一般是指在特定环境下,如特定的温度、催化剂作用等条件下,各种成分发生化学变化,直接改变了物质的分子结构,从而产生了新的物质,涉及物质本身的改进。而物理变化则一般指物质结构通过物理手段组合,没有改变物质的分子结构,因此没有产生新物质,不涉及物质本身的改进。案例如下。

【案例1】

一种新型制剂,是由A材料、B材料及C材料,在催化剂D的作用下形成。

上述案例中,该制剂在制配过程中明显通过了化学反应,产生了化学变化,其通过三种材料结合催化剂的催化反应,生成了一种新的制剂,其是构成制剂组成的三种成分A、B、C通过化学反应改变了物质的分子结构,从而产生了一种"新的物质"。此时应当认定该技术方案是针对物质组分本身提出的改进,不属于实用新型专利的保护客体。

此观点认为物质的各组成成分只有通过化学变化组成新的物质,才能认定为是"物质"的组分,而物理变化没有改变物质的实质结构,因此属于实用新型专利的保护客体。其确实可以有效地排除化学反应类物质组分客体,避免了"物质组分"判断的复杂化的问题,一定程度上简化了审查中的判断程序。

但是,笔者认为,仅仅是强调物质的物理状态或化学反应状态在技术的认定上存在一定的不准确性,物质的化学反应必将导致新的物质的产生在目前的认知领域是没有疑义的,但是,几种物质物理混合,在产生物理变化的过程中,是否会产生新材料却不是绝对的,例如:不发生化学反应的混合溶液是通过物理变化的溶解现象形成,其由固态物质变为液态物质仅仅改变了物理状态，多种物质溶解后形成了一种混合溶液，该溶液属于物质物理状态的混合，多种物质的混合虽然是物理变化，但是目前普遍认为其也产生出了新的溶液材料。可见，这种分类判断的方式并不绝对准确，其中关于"化学反应形成的物质肯定涉及新的物质组分，不属于实用新型专利保护客体"的判断标准较为准确、明确、无疑义，但是对于"物理变化没有改变物质的实质结构，没有对物质本身进行改进，因此属于实用新型专利的保护客体"的判断标准却存在一定缺陷。

2. "宏观、微观说"——判断物质组成各成分之间是宏观构造还是微观结构

"宏观、微观说"的思想基础是《专利法》中对于产品形状和构造的定义。产品的形状，是指产品应具有的、可以从外部观察到的确定的空间形状，产品的构造，是指产品的各个组成部分的安排、组织和相互关系。自然科学中宏观结构的一般定义是指肉眼（不借助工具）可以观察到的结构状态，其基本与《专利法》中产品形状的定义和范畴相吻合；而微观结构的一般定义是与"宏观"相对，粒子自然科学中一般指空间线度小于$10^{-7} \sim 10^{-6}$厘米的物质系统，包括分子、原子、原子核、基本粒子及与之相应的场，上述微观结构难以被从外部直接观察到，且不具有确定的空间形状，因此微观结构基本可以认定为与"产品形状及构造"的概念相对立。由此，该判断方法认为，在实践中，可以首先判断物质组分是宏观构造还是微观结构，在进行区分后，可以认为宏观构造是产品结构、形状的改进，微观结构则不是。

笔者认为，该判断方法在本领域技术人员知识储备足够丰富，且能够准确对微观、宏观准确划界的前提下存在一定的可行性，可以较为准确地排除一些微观结构不属于实用新型专利的保护客体的技术方

案，但是该判断方式仍然存在一定的缺陷。首先，宏观与微观的分界是以什么具体的标准来划分，在实践中存在争议，如果仅从物质的尺寸大小上进行判断有失偏颇，同时似乎也难以找到其他更加明确具体、绝对准确的标尺；并且，随着科技的发展及领域内技术的不断交替更新，对于微观及宏观结构的准确划界区分产生了一定的冲击，例如在复合材料这种跨领域的学科，逐渐发展出了"细观结构"的概念，其归属于宏观或者微观结构中的任何一方都存在争议。可见，宏观与微观之分对本领域技术人员的要求较高，不能很好地符合初步审查的定位；对于物质的"宏观与微观"的划分过于理想和绝对化；随着技术的不断发展，宏观、微观的定义并非一成不变；同时专利法意义上的"从外部观察到的确定的空间形状"并未明确排除掉是否借助一定的工具观察的情况，此处"外部观察到的结构"并不能简单与"宏观观察到的结构"直接等同，种种现实存在的问题，使得这种判断标准不易操作，且容易产生误判。

3. "位置关系说"——物质组成成分的位置关系是否有序且唯一确定

"位置关系说"源于对产品的构造的分析。产品的构造是指产品的各个组成部分的安排、组织和相互关系，产品的构造可以是机械构造，也可以是线路构造、位置关系、连接关系、复合层结构等，可以看出，构造的一个明显的特性就是组成结构的位置关系稳定有序。基于此，审查实践中逐渐发展出判断结构组成上的组成成分的位置关系是否确定的"位置关系说"判断方法，该观点认为，物质组成成分的位置关系如果有序且唯一确定，则不涉及对于物质组分的改进，属于实用新型专利的保护客体，例如，在橡胶中加入金属丝制成轮胎，提高轮胎耐磨性，金属丝在橡胶内位置固定有序，其组合后可以认为是对产品构造的改进；而如果组成成分之间没有确定的位置关系，其排布处于一种混乱无序的状态，则认为每一种组成成分都是构成该结合物的一种组分，则其组合后的物质涉及对材料本身的改进，例如，某种制剂组成成分是一种散粒结构形成的聚集状态，也就是说，其散粒结构具有结构的混乱无序性，位置关系无序，且无法唯一确定，其中的每一种组成成分实质是构成该结合物的一种组分，则其结合涉及对材料本身的改进，不属于实用新型专利的保护客体。

在实践中，该判断方式存在一定的合理性，案例如下。

【案例2】

1.一种带基础层的复合跑道，其特征在于是由一层基础层（1）和一层弹性上层（2）以及其上表面的喷面层（3）粘结而成，基础层（1）由石米、橡胶粒和聚氨酯胶水制成，弹性上层（2）由橡胶黑颗粒和聚氨酯胶水制成，喷面层由单液型面漆、三元乙丙（EPDM）颗粒和三元乙丙（EPDM）粉制成。

……

8.根据权利要求1所述的复合跑道，其特征在于基础层（1）中的石米、橡胶粒和聚氨酯胶水的重量比为15∶5∶1.2。

该案件经授权后被无效请求人提出无效，其中针对权利要求8的无效理由包括：其限定是物质的组分、配方，不属于实用新型专利的保护客体。最终，复审无效决定认为：本专利权利要求8的附加技术特征为"基础层（1）中的石米、橡胶粒和聚氨酯胶水的重量比为15∶5∶1.2"，其虽然对基础层各成分的重量比做了进一步限定，但是从权利要求8请求保护的技术方案整体来看，作为跑道的一个层，组成基础层的各种组分应当是尽可能地均匀混合在一起的，限定一种基础层中各组分的比例，实质上就限定了各组分在基础层中的安排、组织和相互关系，也就限定出了一种基础层的构造。因此，权利要求8实质上仍然是对构造特征进行限定的技术方案。故本专利权利要求8符合《专利法》第二条第三款的规定。

从上我们不难看出，该案件在复审无效阶段，对于可能涉及物质组分改进的"石米、橡胶粒和聚氨酯胶水的重量比为15∶5∶1.2"比例进行了技术分析及解释，在认定独立权利要求保护的是一种层状结构的前提下，认定其进一步限定的其中某层的组成成分比例是尽可能地均匀混合在一起的，限定一种基础层中各组分的比例，实质上就限定了各组分在基础层中的安排、组织和相互关系，也就限定出了一种基础层的构造。这种解释符合"位置关系说"的判断方法及原则，认定胶粘混合的层状结构中组成成分应当是有序且唯一确定，是一种相对确定的位置关系，从而将这样限定理解为产品的构造。

但是，这样的案例是否具有明显的典型意义和指引作用，实践中对此还存有疑义。尤其，以上是一个复审无效案例，其程序允许也要求审查员花费较多的时间，在查阅大量技术资料的前提下，基于保护对社会有益的发明创造的出发点，做出更符合技术事实、更加准确无误同时也更利于保护申请人的判断结论，而在初步审查阶段，审查员一般无法花费较多的时间进行过于深入的技术分析，并根据技术方案的具体应用通过深入研究后，对均匀且位置固定的混合结构是否确定无疑地属于产品的构造做出判断。

由此可见，"位置关系说"的判断标准中对于"物质组成成分的位置关系是否有序且唯一确定"的准确划界和精准定义也存在一定的主观因素和不确定性，其在一定的案例中可能得以证实，但缺少普适性的理论依据，在这样的前提下，这种判断方法也就明显不能适用于初步审查这样一种对审查效率要求很高的审查方式了。

综上，我们不难看出，这三种判断方式，均采用了对物质组分的进一步归类，通过排除法的方式排除了一些明显涉及材料改进的技术方案。但是通过分析，我们知道，以上三种判断方法在准确、清晰的分类划界上均存在偏差或争议，并且对本领域技术人员对技术内容和专业知识的掌握程度有着较高的要求，采用上述判断方式在实用新型专利初步审查实践中会导致可操作性低、判断标准难以统一、审查效率低下等问题。

通过对以上三种判断方法的辨析，我们能够更为清楚地认识到，归根结底，对于物质组分的判断，其根本目的是排除涉及材料本身改进的技术方案，而对是否涉及"材料本身的改进"的判断具有很强的领域特点，材料领域涉及学科的特点、技术方向和迅速发展决定了难以出现统一划分的相关判断方法，这也是指南目前仅能做出原则性的规定的客观原因之一。

对此，笔者建议，在审查实践中，针对一些案例，我们或许可以考虑借鉴上述三种判断方式中便于操作及不易产生过大判断偏差的部分，从而谨慎地吸取利用其中的部分方法，比如，化学反应一般导致物质的重组和变化，必将导致涉及材料本身的改进等，但是，我们也要十分明确，对于涉及物质组分的审查，重点仍要回归到是否涉及"材料本身的改进"的原则上，从而符合实用新型专利保护客体判断的宗旨。在初步审查中，一方面，审查员也需要逐渐提高"本领域技术人员"的认知水平，从而做出比较准确的技术认定和客体判断；另一方面，也可以结合现有审查实践中较为成熟的合理质疑做法，即对于难以进行判断的申请或者权利要求中包含对材料本身限定的技术方案，可以不进行详细判断，而是发出通知书进行合理质疑，申请人可以通过提交证据及意见陈述的方式进行相应举证，根据实际情况决定是否接受。

三、总结

《专利审查指南2010》中对"物质组分""材料改进"等用语的含义的解释并没有清晰明确的划界范围，由于"物质组分"类专利申请涉及领域众多，表述方式庞杂，审查实践中很难有完全理想状态下的"本领域技术人员"进行准确的判断，而正是由于难以对各个用语及其之间的联系做出明确的区分以及"本领域技术人员"的理想化状态在现实中难以实现，才导致目前的审查实践中容易出现审查标准不统一，判断方法众多的缺陷。

现有审查实践中的操作方式具有较高的操作性和可行性，通过合理质疑结合申请人补正的证明方式，可以较为高效地进行审查，同时减少漏判的发生，此种判断方式现阶段比较适合我国实用新型专利的审查特点，可以有效解决一些难以判断的组分客体问题，达到简化审查程序的目的，有助于实践中审查效率的大幅提高。

参考文献

【1】中华人民共和国专利法[M].北京：知识产权出版社，2010.

【2】中华人民共和国国家知识产权局.专利审查指南2010[M].北京：知识产权出版社，2010.

新颖性审查基准中关于"惯用手段的直接置换"适用的思考

孙超一　　石贤敏（等同第一作者）

摘要： 惯用手段的直接置换是新颖性审查的重要情形之一，然而，《专利审查指南2010》中的有关规定较为上位，不足以指导审查实践。本文将通过探讨新颖性审查的思路和原则，以探讨进一步细化惯用手段的直接置换判断标准的合理性，并结合审查实践给出一些惯用手段的直接置换的具体判断情形，以期为审查实践提供一些有价值的思考。

关键词： 新颖性；惯用手段的直接置换；隐含公开；实质相同

一、引言

新颖性审查的根本，是要看现有技术中是否含有专利申请所要求保护的技术方案，审查手段是将现有技术和所要求保护的技术方案进行对比，由本领域技术人员通过所谓的对比来确定现有技术是否与专利申请的技术方案相同。[①]其中，判断"技术方案相同"的标准是关键

---

① 崔国斌.专利法：原理与案例（第二版）[M].北京：北京大学出版社，2016：193-194.

之所在，也是专利审查实践的难点之所在。

在专利法规上，相同的技术方案包括两层含义：第一，两个技术方案相同；第二，两个技术方案等同。简言之，就是相同或实质相同。在审查实践中，专利申请所要求保护的技术方案缺乏新颖性的比较理想的情况，是对比文件的表述与本申请权利要求完全一样，或者仅仅是简单的文字变换，即两个技术方案相同，这样，本领域技术人员仅仅通过文字的对比就可以得出结论，无须再进一步看技术方案是否"适用于相同的技术领域，解决相同的技术问题，并具有相同的预期效果"，因为它们没有理由不同。然而，现实中，权利要求的撰写具有极大的不确定性，除非刻意抄袭，否则两个技术方案相同的情况几乎不可能存在。所以，之于新颖性审查实践更有用的，是技术方案等同，也就是实质相同的判断标准。

为有助于掌握审查基准，《专利审查指南2010》第二部分第三章第3.2节给出了新颖性判断的几种常见情形，其中，惯用手段的直接置换即是判断技术方案实质相同的重要思路。

二、"惯用手段的直接置换"的审查现状

一般认为，当运用惯用手段的直接置换判断专利申请所要求保护的技术方案是否具备新颖性时，其基本思路是：一项权利要求的技术方案与对比文件的技术方案之间的区别，仅仅在于前者用一种公知的、功能相同的技术特征替换了后者的某个技术特征（等同物的替换），则该申请不具备新颖性。[1]在审查实践中，通常做如下表述：

对于所属领域的技术人员来说，本申请所采用的某技术特征和对

---

[1] 汤宗舜.专利法解说（修订版）[M].北京：知识产权出版社，2002：150.

比文件中与之对应的技术特征,是解决有关技术问题时所熟知和惯用的技术手段,这两种技术手段可以相互替换,替换后可能产生的利弊为公众所周知,并没有产生意想不到的效果。因此,二者的替换属于惯用手段的直接置换。

可以看出,上述"替换"实际上包含着这样的含义:在本领域技术人员看来,从对比文件的技术方案到本申请的技术方案的某些要素的替换,是显而易见的。[1]所谓显而易见或非显而易见,其意义本质上与创造性判断是一样的,因此,有学者认为,惯用手段的直接置换的判断思路可能会模糊新颖性和创造性的界限。

然而,包括我国在内,许多国家的专利法规,仍在新颖性的判断中给予了"惯用手段的直接置换"以一席之地,笔者认为,原因可能在于:如果本申请的技术方案与对比文件相比过于类似,那么这样的技术方案从技术的角度来看并没有创新可言。当"过于类似"表现为技术方案构成元素的替换时,虽然并不能导致"技术方案相同",但是可能构成"惯用手段的直接置换",前提是这种替换是"显而易见"的,也就是"惯用手段的直接置换"中所谓的"直接"。这里的"直接"是对程度的描述,说明这种替换是显然的,没有技术上的创新可言,因此两个方案也就是实质相同的。我国的《专利审查指南2010》第二部分第三章第3.2.3节对此给出了一个案例,即,认为"螺钉固定方式改换为螺栓固定方式"属于惯用手段的直接置换,但是,《专利审查指南2010》重在给出原则性的规定,并没有对惯用手段的直接置换做出详细解释。

在审查实践中,替换的情形往往并非"螺钉"和"螺栓"那样简单,申请人通常会以其区别不属于《专利审查指南2010》规定的惯用手段的直接置换的情形为由进行抗辩。因此,在发明专利申请的实质审

---

[1] 汤宗舜.专利法解说(修订版)[M].北京:知识产权出版社,2002:209.

查过程中，审查员通常不会采取惯用手段的直接置换的判断思路去评价技术方案的新颖性，而是直接评价技术方案的创造性。因为针对替换是否"直接"、是否"显而易见"进行辩论时，往往双方各执一词，争论不下，即使审查员承认这种替换存在创新，这种创新并不满足创造性的高度要求也是比较明显的，评价技术方案的创造性无疑是更直接有效的方式。因此，"惯用手段的直接置换"在发明专利申请的实质审查过程中常常被束之高阁，新颖性的审查往往仅仅被执行为对"技术方案相同"的审查，而对"技术方案实质相同"的审查趋于保守。

然而，创造性并不属于实用新型初步的审查范畴。近年来，实用新型专利申请量迅猛增长，2014年为86万件，2015年为112万件，2016年申请量接近150万件，其数量之大，增长速度之快，显然与创新实力并不匹配，这其中也包含大量实质上没有创新的专利申请。但是，如前文所说，对于新颖性审查而言，除非是刻意抄袭，否则几乎不可能存在专利法意义上的两个技术方案相同，此时，惯用手段的直接置换之于实用新型专利申请初步审查的意义就凸显了出来。虽然，惯用手段的直接置换在理解上和实践中存在争议，但是，它可以使得一定量的实质上没有创新的专利申请得不到授权，在专利法的立法宗旨之下，是有实际意义的。

三、惯用手段的直接置换的具体情形

《专利审查指南2010》中有关规定的表达方式并没有把惯用手段的直接置换限定为所列举的例子。笔者认为，除了"螺钉固定方式改换为螺栓固定方式"的情形外，惯用手段的直接置换在审查实践中可以也应当被合理地运用。只要对所属领域技术人员来说，如果本申请的技术方案和对比文件相比，区别特征均为惯用手段，且相互之间可以直接替换，即这种替换是显而易见的、直接的，那么该替换就属于惯用手段的直接置换。这一点在以形状、位置、材料、型号、尺寸、数量等特征的简单替换为考察对象时，表现得比较明显，例如以下两个案例：

【案例1】

权利要求：一种保温杯，其特征在于，杯体为双层保温结构，杯子整体为熊猫形状。

对比文件公开了一种米老鼠形状保温杯，其为解决保温问题设置了双层结构，杯子整体形状为米老鼠形状。

案例分析： 本申请与对比文件技术方案的区别仅在于，将"米老鼠形状"替换为"熊猫形状"。将杯子整体设置为卡通动物形象是所属领域的惯用手段，并且，杯子整体形状为"米老鼠形状"或"熊猫形状"对于解决保温问题并无影响，对所属领域技术人员来说，"米老鼠形状"或"熊猫形状"相互之间可以直接替换，因此，上述替换属于惯用手段的直接置换。

【案例2】

权利要求：一种茶叶妇婴两用巾，其特征在于，包括位于正面的表面渗透层、位于背面的用于防漏的透气底膜、位于透气底膜和表面渗透层之间的茶叶层。

对比文件公开了一种竹炭妇婴两用巾，具有位于正面的表面渗透层和位于背面的透气底膜，在透气底膜和表面渗透层之间设置有竹炭层。

案例分析： 本申请与对比文件技术方案的区别仅在于，将"竹炭层"替换为"茶叶层"。竹炭和茶叶均是所属领域中常规的用于吸附异味的材料选择，对所属领域技术人员来说，"竹炭层"和"茶叶层"相互之间可以直接替换，因此，上述替换属于惯用手段的直接置换。

在以上所列情形中，对所属领域技术人员来说，如果区别特征的替换是显而易见的，那么该替换属于惯用手段的直接置换，这与前文所阐述的有关惯用手段的直接置换判断思路的主流观点并无不同，并且以上案例具有一个共同点，即构成区别的对应技术特征都在本申请或对比文件中以文字或附图的形式有明确的记载。

然而，在审查实践中，常出现更为复杂的情况，以下通过两个案例进行分析和说明。

【案例3】

权利要求：1.一种新型抹子，其特征在于，在抹子板的下表面有促使待抹材料翻滚混合的凹坑。

2.如权利要求1所述的新型抹子，其特征在于，所述凹坑的深度为0.5~5 mm。

对比文件公开了一种抹子，并公开了本申请权利要求1的全部技术特征。本申请权利要求2与对比文件相比，其区别仅在于：本申请限定凹坑深度为0.5~5 mm，而对比文件并未记载凹坑深度尺寸。

案例分析： 本申请权利要求2与对比文件技术方案的区别仅在于本申请的凹坑深度为0.5~5 mm，而对比文件并未明确记载凹坑深度尺寸。然而，凹坑必然具有一定深度，这是公知常识，也就是说，对比文件的凹坑实际上隐含了一个本领域内常规的深度尺寸，并且，经过查阅本领域常用技术手册等书籍可以发现，本领域中凹坑深度可以根据环境和设计的需要而自行设置，一般采用小到零点几毫米，大到几毫米甚至十几毫米，均是可行的、常用的，那么，本领域普通技术人员依据这个常识可以知晓，本申请凹坑深度采用0.5~5 mm也是常规选择，并且，本领域技术人员可以直接地、显而易见地将对比文件隐含公开的某一常规深度尺寸替换为本申请权利要求2中的"0.5~5 mm"，两个技术方案是实质相同的。

【案例4】

权利要求：能修改错字的钢笔，包括钢笔主体和笔帽，其特征在于，笔帽内设置有修正液腔，笔帽的端部设置有修正液腔的涂改头，相应于修正液腔的涂改头上设置有涂改帽。

对比文件公开了一种能修改错字的笔，其包括笔主体和笔帽，并在笔帽内设有修正液腔，笔帽的端部设置有修正液腔的涂改头，涂改头上设置有盖帽。

案例分析：本申请与对比文件技术方案的区别仅在于，将"笔"替换为"钢笔"。现有技术中实现书写功能的常用选择有有：铅笔、钢笔、圆珠笔等，钢笔属于其中的一种，并且，本申请与对比文件的技术方案都是在笔帽上设置可以盛放修正液的腔体，这样的技术方案对于笔的种类的要求仅仅涉及需要有笔帽，而一般的钢笔都有笔帽，因此，对于所属领域技术人员来说，由"笔"到"钢笔"的替换并没有给现有技术带来任何创新的成分，"笔"和"钢笔"相互之间可以直接替换，替换前后的两个技术方案实质上是相同的，因此，将对比文件中的"笔"替换为本申请权利要求中的"钢笔"属于惯用手段的直接置换。

在以上两个案例中，本领域技术人员做出如上替换看起来符合常识，合情合理，但是，如果按照其所代表的法律概念来分析，上述案例3、案例4所代表的情形，尤其是案例4，又与《专利审查指南2010》第二部分第三章第3.2.1节规定的上位概念的公开并不影响采用下位概念限定的发明或者实用新型的新颖性相抵触，从而引发质疑。

笔者认为，《专利审查指南2010》中所说的"具体（下位）概念的公开使采用一般（上位）概念限定的发明或者实用新型丧失新颖性"具有绝对的意义，因为其必然导致技术方案实质相同，这符合常识和基本的判断原则，而《专利审查指南2010》中随后描述的"反之，一般（上位）概念的公开并不影响具体（下位）概念限定的发明或者实用新型的新颖性"却并不具有绝对的意义，《专利审查指南2010》这样规定是出于所谓的"严格新颖性"的目的，并且考虑到创造性与新颖性的延续性，此时采用创造性的判断更无争议。然而，这却极有可能与技术事实的判断存在偏差，如上述案例4，在实施对比文件的技术方案时，所得到的产品只能是"笔"这一上位概念之下的具体概念，并且所得到的单个产品也只能是其中的一个具体概念，而"钢笔"无疑是"笔"的一种常规的具体概念，本领域普通技术人员完全可以显而易见地、直接地将对比文件中笔的一种常规的具体形式置换为本申请技术方案中的钢笔，而不需要做出任何创新，两个技术方案完全达到了实质相同的程度。

案例3的情形也极为类似，《专利审查指南2010》规定了"对比文件公开的数值或数值范围落在上述限定的技术特征的数值范围内，将破坏要求保护的发明或实用新型的新颖性"，这具有绝对意义，但反之则不尽然。当对应技术特征属于本领域中常规的数值范围的限定时，如果本领域技术人员能够做出可以显而易见地、直接地进行替换的判断，那么本申请的技术方案相对于对比文件仍然是没有新颖性的，这也是出于技术方案实质相同的新颖性的本质要求。

综上所述，笔者认为，新颖性判断的最终目的是排除对现有技术的重复授权，那么，回归到技术方案实质相同来进行判断是比较合理和本质的。实用新型专利申请所涉及的技术方案具有简单直观的特点，大量的申请人可能在相同或者相近领域做着相类似的研究，其产生实质相同技术方案的概率远高于发明专利申请，再加上实用新型专利申请中采用编造、简单改造现有技术骗取专利权的异常现象也很常见，如果在实用新型的初步审查中仍采用非常严格甚至机械的新颖性判断标准，就不能对专利制度的健康运行起到应有的保障作用，比如以上案例3、案例4所示的情况，如果将惯用手段的直接置换仅限于"螺钉"与"螺栓"的举例，则对新颖性"实质相同"的把握过于严苛，不适应实用新型专利申请的现状。实践中，以上常规的数值小范围或者常规的下位概念与没有被明确限定的常规大数值范围或者上位概念之间的置换是非常常见的现象，笔者认为，本领域技术人员从技术方案的实质出发进行"替换是否是显而易见的、直接的"之判断，是较为实用，且并未偏离新颖性判断原则的做法。

四、结语

惯用手段的直接置换，是技术方案实质相同的一种具体表现形式，在新颖性判断中，惯用手段的直接置换应当被合理地运用。把握好"对应的技术手段是否均为惯用""替换是否是显而易见的、直接的"这两个关键点，让惯用手段的直接置换与技术方案实质相同更好地对接，或许能帮助其在实用新型专利申请的初步审查中发挥应有的实际作用。

参考文献

【1】崔国斌.专利法：原理与案例（第二版）[M].北京：北京大学出版社，2016.

【2】汤宗舜.专利法解说（修订版）[M].北京：知识产权出版社，2002.

说明书公开是否充分的判断中如何定位"所属技术领域的技术人员"

刘岩磊

摘要： 本文主要探讨在判断实用新型专利公开是否充分中对于"所属技术领域的技术人员"如何准确进行定位的问题，针对审查实践现状中"所属技术领域的技术人员"仅根据说明书中记载的内容结合相关的领域内技术知识就可以判断出该发明或实用新型是否能够实现的判断标准，进行了分析和补充性的建议，旨在避免"所属技术领域的技术人员"的判断标准过高或过低。进而实现审查员判断时更加接近客观的"所属技术领域的技术人员"，从而使得对于说明书公开充分的认定更加公正、准确。

关键词： 公开不充分；所属技术领域的技术人员；专业性；准确性

一、对于说明书充分公开、技术方案清楚完整的认定依据

关于说明书是否公开充分的审查是实用新型初步审查的重要组成部分，实用新型专利申请的说明书应当符合《专利法》第二十六条第

三款的规定,即说明书应当对发明或实用新型做出清楚、完整的说明,以所属技术领域的技术人员能够实现为准。由此可见,此处"所属技术领域的技术人员"是判断主体,但是由于判断主体存在的主观性,往往会对说明书是否充分公开的判断产生偏差,因此,准确地划分"所属技术领域的技术人员"的界限就成为判断说明书公开充分与否的核心问题。

二、"所属技术领域的技术人员"的定义

对于该主体的要求,《专利审查指南2010》第二部分第二章第2.1节中指出,关于"所属技术领域的技术人员"的含义,适用本部分第四章第2.4节的规定,即所属技术领域的技术人员,也可称为本领域的技术人员,是指一种假设的"人",假定他知晓申请日或者优先权日之前发明所属技术领域所有的普通技术知识,能够获知该领域中所有的现有技术,并且具有应用该日期之前常规实验手段的能力,但他不具有创造能力。如果所要解决的技术问题能够促使本领域的技术人员在其他技术领域寻找技术手段,他也应具有从该其他技术领域中获知该申请日或优先权日之前的相关现有技术、普通技术知识和常规实验手段的能力。实践中,审查员应根据技术方案,结合申请人在说明书中所描述的背景技术、所要解决的技术问题和有益效果、具体实施方式以及附图来进行判断,即一般来讲"所属技术领域的技术人员"仅根据说明书中记载的内容结合相关的领域内技术知识就可以判断出该发明或实用新型是否能够实现,在此种情况下,"所属技术领域的技术人员"无须获得现有技术,也无须考虑现有技术的发展程度,仅仅是通过说明书记载的内容进行相关判断,然而此种判断实际是基于"所属技术领域的技术人员"处于一种绝对的理想化状态,现实当中,审查员难免会与

"所属技术领域的技术人员"水平产生差距。因此,笔者认为可以通过以下一些方式进行补充,使得审查员判断时更加接近客观的"所属技术领域的技术人员",从而使得对于说明书公开充分的判断更加公正、准确。

三、合格的"所属技术领域的技术人员"的参考标准

1. 专业性(判断门槛)——领域恰当、技术理解到位

"所属技术领域的技术人员"首先强调了领域的专门性,也就是说其准入条件必须是"所属的技术领域",此处准确地将"技术人员"放到"所属技术领域"是需要完成的首要任务。这也是专利审查中要严格按照相关技术专业进行领域划分的原因,如果领域划分不当,"技术人员"未安排进自己所属的技术领域,其就不能对说明书公开充分与否进行准确的理解判断和充分的技术分析,同时,该"技术人员"应当对领域内的专业技术有相当的了解,以避免由于无法充分理解技术而对说明书进行公开不充分的错误判断。因此,"所属技术领域技术人员"应当具备足够高的专业技术知识,从而对说明书中的专业技术部分进行准确的判断和分析,以下我们通过一个案例来进行说明。

【案例1】

一种基于以太网的火灾报警信息采集和传输装置,其特征在于:包括火灾报警信息采集模块、CPU模块、以太网传输模块,CPU模块一端通过火灾报警信息采集模块与火灾报警控制器相连,另一端通过以太网传输模块与以太网相连。

其附图如图1所示。

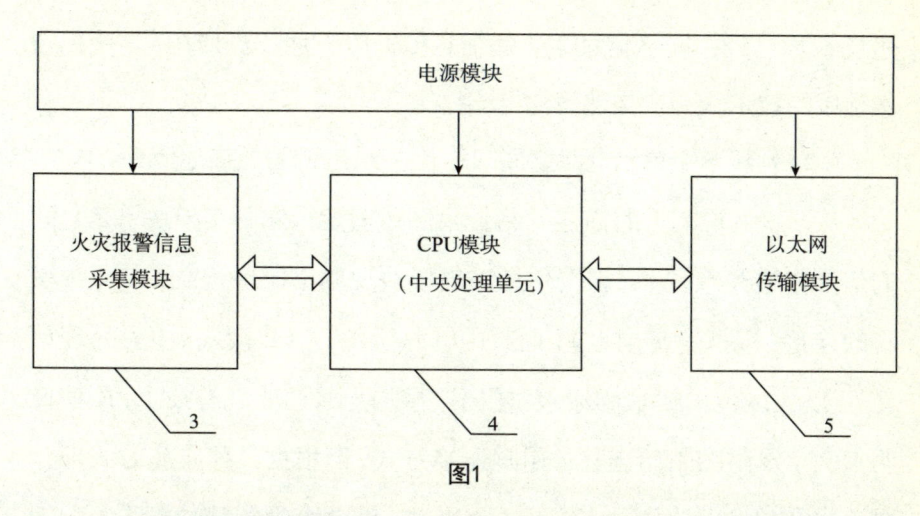

```
                    ┌──────────────────┐
                    │     电源模块      │
                    └──────────────────┘
                     │        │        │
                     ▼        ▼        ▼
        ┌─────────┐    ┌─────────┐    ┌─────────┐
        │火灾报警信息│◄──►│ CPU模块  │◄──►│ 以太网  │
        │ 采集模块  │    │(中央处理单元)│  │ 传输模块 │
        └─────────┘    └─────────┘    └─────────┘
             3              4              5
```

图1

在电学领域会较多地出现只有方框图的专利案例，此类案件，通常是附图只提交了电路方框图，而没有提交具体的电路图，对于电学领域来说，由于电路结构的复杂性和特殊性，在仅有方框图而缺少相应的电路结构图时则有可能会导致说明书存在公开不充分的问题，对此类说明书仅有方框图的专利案例，需要审查其是否明显不符合《专利法》第二十六条第三款的规定。

（1）在判断时应当首先判断该案例说明书是否清楚、完整。

结合该案例说明书的描述，参考附图的电路方框图进行分析，其中对于火灾报警信息采集模块说明书已经记载了其为"开关量采集电路，电路中4个开关量信号SWITCH1、SWITCH2、SWITCH3、SWITCH4分别与中央处理器LPC2220的25、32、20、23引脚连接；电路的输入端CR1、CR5连接带有开关量输出的火灾控制器"，而对于附图中电源模块、CPU模块（中央处理单元）、以太网传输模块虽然没有明确写明其具体的电子器件及电路结构组成，但是对于所属技术领域的技术人员来说应用其所熟知的电子组件和电路结构即可实现上述功能模块，如以太网传输模块可以通过ADSL、光纤等宽带通信技术实现，CPU模块可以通过80C51单片机、计算机等中央处理单元实现，上述技术均已经在网络信息采集和信息传输等方面广泛应用，是所属技术领域的技术人员应当熟悉的电子组件。

（2）判断各个单元电路之间的连接关系是否明显描述清楚。

从该案例说明书的描述并结合附图可清楚得知各个模块单元之间的信号传输关系，火灾报警信息采集模块说明书已经记载了其具体引脚的连接关系（参见同上），而其中电源模块、CPU模块（中央处理单元）、以太网传输模块的输入、输出连接均为普通的现有技术，即使说明书文字及附图未给出具体引脚连接方式，但根据具体实施方式部分描述的各组件间的信号传输及工作方式，结合电学领域技术人员的知识背景，所属技术领域的技术人员根据本案例说明书内容可以容易地实现说明书记载的技术方案，解决相关的技术问题，实现相应的技术效果，基于上述判断，该案例说明书符合《专利法》第二十六条第三款的规定。

此案例充分说明了技术所特有的专业性，从方框图整体判断电路结构及连接关系，分析各个方框模块的公知程度，从工作方式过程结合方框图连接关系得出说明书不需要记载具体电路引脚连接方式也已经公开充分的结论，无一不体现了对所属领域技术人员对于领域定位恰当、技术理解到位的要求，这也是我们强调所属技术领域的技术人员进行判断的原因所在，在实际操作中，假使所属技术领域的技术人员的专业技术性不够，对于类似案例极有可能认为说明书并未清楚、完整地进行相应说明，公开也不完全充分，此种情况表面上是由于专业技术性不够导致，实际则是"非所属技术领域的技术人员"在进行判断，由于其不具备所属技术领域的技术人员所应具备的专业知识，很容易产生误判。

2. 准确性（判断尺度）——站位高度适当，避免"所属技术领域的技术人员"的判断标准过高或过低

"所属技术领域的技术人员"其次应当站位高度适当，避免"所属技术领域的技术人员"的判断标准过高或过低。一般来讲，"所属技术领域的技术人员"仅根据说明书中记载的内容结合相关的领域内技术知识就可以判断出该发明或实用新型是否能够实现。

由于技术发展的不断更新变化，而所属技术领域的技术人员能够获知的技术常识是随科技发展而更新的，必要时审查员也可通过检索等手段查阅资料来加深对背景技术的理解。这是基于"所属技术领域的技术人员"其"能够获知"所属技术领域的现有技术的定义要求，以下我们通过一个案例来进行说明。

【案例2】

一件涉及具有温差充电功能的智能手环的实用新型案例，结合温差半导体发电原理，通过用户皮肤表面温度与环境温度的差，使半导体温差发电装置上产生电压，经过升压后，实现对智能手环的补充充电，延长了使用时间。

如图2所示，一种具有温差充电功能的智能手环，包括：LED显示模块、按键、蓝牙4.0模块、处理器、运动传感器模块、Li电池、升压模块、半导体温差发电装置、外壳。LED显示模块、按键、蓝牙4.0模块、运动传感器模块都与处理器相连，蓝牙4.0模块、处理器、运动传感器模块、都与Li电池相连，半导体温差发电装置的输出通过升压模块后输入Li电池。LED显示模块、按键、蓝牙4.0模块、处理器、运动传感器模块、Li电池、升压模块、半导体温差发电装置均安装在外壳中。处理

器4采用具有低功耗模式的MSP430芯片，用户在佩戴过程中，通过用户皮肤表面温度与环境温度的差，使半导体温差发电装置上产生电压，经过升压后，实现对智能手环的补充充电，延长了使用时间。

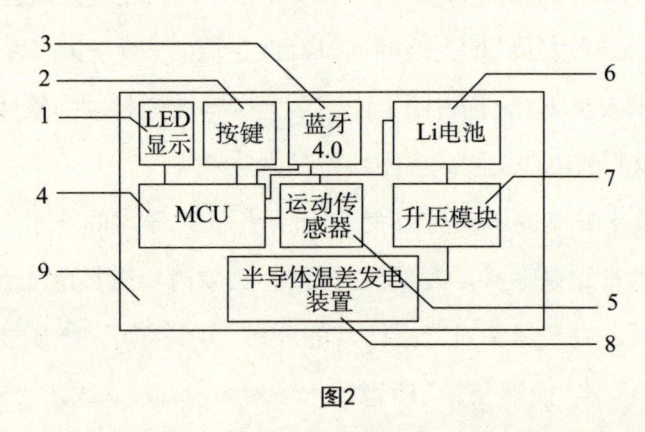

图2

对于上述案例中技术方案是否公开充分存在两种不同的观点。

观点一：该案例说明书中记载了在手环上安装半导体温差发电装置实现温差发电对手环进行电量补充，但是对于半导体温差发电装置的具体形状及电路结构并未记载，半导体温差发电装置及众多器件如何满足集成在有限尺寸的手环上的需求，且人体与环境较低的温差如何实现相应器件的正常供电功能说明书并未有详细的记载。因此，本案例说明书没有对技术方案进行清楚、完整的说明，仅仅提出了简单的构想，所属技术领域的技术人员无法具体实现，不符合《专利法》第二十六条第三款的规定。

观点二：该案例说明书中记载了在手环上安装LED显示模块、按键、蓝牙4.0模块、处理器、运动传感器模块、Li电池、升压模块、半导体温差发电装置、外壳。LED显示模块、按键、蓝牙4.0模块、运动传感器模块都与处理器相连，蓝牙4.0模块、处理器、运动传感器模块、都与Li电池相连，半导体温差发电装置的输出通过升压模块后输入Li电池。LED显示模块、按键、蓝牙4.0模块、处理器、运动传感器模块、

Li电池、升压模块、半导体温差发电装置均安装在外壳中，处理器4采用具有低功耗模式的MSP430芯片。结合温差半导体发电原理，通过用户皮肤表面温度与环境温度的差，使半导体温差发电装置上产生电压（即塞贝克效应原理），经过升压后，实现对智能手环的补充充电，延长了使用时间。上述内容对于温差发电的原理已经做出了相应的说明。

对于半导体温差发电装置，在必要时，所属技术领域的技术人员通过查阅相应资料能够知晓领域内存在根据塞贝克效应原理结合半导体薄膜技术制成的温差发电集成芯片作为常规的半导体温差发电装置使用，此类芯片在每平方毫米的区域内基于较小的温度变化就可以产生$0.5\sim5$ V的电压，且可持续供电，体积小，响应快，已经在传感器、智能佩戴设备、无线通信等领域实现应用，这表明现有技术中已经充分说明了使用温差发电集成芯片即可实现半导体温差发电装置集成在有限尺寸的手环上的需求，且以较低的温差实现手环类小型智能穿戴设备相应器件的正常供电功能，而手环内的各个单元均是电学领域常见结构，现今社会随着技术的发展，电子器件的小型化、高集成化已经成为趋势，这种趋势对于所属技术领域的技术人员来说是其能够知晓的状态，而所属技术领域的技术人员在知道上述器件均为领域内已知器件，各器件均可以实现小型化、高集成化的前提下，结合附图已经给出的相应的器件在手环内的布局，所属技术领域的技术人员能够完全知晓其具体的结构、布局及电路连接结构。因此，本案例说明书已经对技术方案进行了清楚、完整的说明，所属技术领域的技术人员可以实现，其符合《专利法》第二十六条第三款的规定。

此处笔者较为认同第二种观点，上述案例反映了所属技术领域的技术人员应当把握一个较为合适的判断尺度，不宜过高或过低。本案中如果采用一般常识先入为主地认为温差发电装置应具有较大的体积且为"高端"技术，同时手环体积不够大，难以集成温差发电装置及众多器件，从而导致技术方案难以实现，无形中降低了所属技术领域的技术人员的高度，判断尺度过于严苛。实际上所属技术领域的技术人员对于一些不够熟悉的技术可以通过一些简单检索及补充学习，明确得出现有技术中已经有相应半导体温差发电装置产品的成熟应用，同时结合电子器件的小型化、高集成化的电子技术，所属技术领域的技术人员不难发现本技术方案是可以较为容易实现的，本案例说明书对技术方案进行了清楚、完整的说明，所属技术领域的技术人员可以实现其技术方案。

在对技术内容公开是否充分判断时，应当准确认定所属技术领域的技术人员的技术程度，避免所属技术领域的技术人员的技术认知程度过高或过低，造成判断不准确。如果审查员不能理解说明书的方案，考虑到所属技术领域的技术人员应当获知的技术常识是随科技发展而更新的，审查员可通过检索等手段查阅资料来加深对背景技术的理解。如果根据本领域技术常识，或查阅资料后根据查阅所得知识，仍不能合理推导出说明书描述的技术方案如何实现，那么此时就有理由对技术方案是否清楚、完整进行合理质疑。

四、结论

准确地划分"所属技术领域的技术人员"的界限是判断说明书公开充分与否的核心问题。现实当中"所属技术领域的技术人员"很难处于一种绝对的理想化状态，审查员难免会与"所属技术领域的技术人员"水平产生差距，在判断上产生偏差。因此，为了使审查员判断时更加接近合格的"所属技术领域的技术人员"，就需要做到以下两点：一是加强专业知识的储备，以便能够对领域内相关技术把握恰当、技术理解到位。二是"所属技术领域的技术人员"应当站位高度适当，避免判断标准过高或过低。由于技术发展的不断更新变化，而所属技术领域的技术人员能够获知的技术常识是随科技发展而更新的，必要时审查员也可通过检索等手段查阅资料来加深对背景技术的理解。通过上述方法做到对审查实践中"所属技术领域的技术人员"判断的有效补充，从而保证对于说明书公开充分的认定更加公正、准确。

参考文献

【1】中华人民共和国专利法[M].北京：知识产权出版社，2010.

【2】中华人民共和国国家知识产权局.专利审查指南2010[M].北京：知识产权出版社，2010.

浅谈不同法律状态下涉及重复授权的几种特殊处理

张 桦

摘要： 一项发明创造自提交专利申请后会存在多种法律状态，当多件同样的发明创造与申请的多种法律状态交织在一起时，是否涉及重复授权问题是审查中面临的疑惑和难点。笔者从禁止重复授权涉及的法条和适用原则入手，通过对多种不同法律状态下涉及重复授权的具体案例分析，给出相应的处理方式和相关建议。

关键词： 实用新型；重复授权；法律状态

一、引言

《专利法》第九条第一款规定"同样的发明创造只能授予一项专利权"，这是禁止重复授权的总原则，在实践中，可能造成重复授权的情形有以下几种：同一申请人同日就同样的发明创造提出两份以上的专利申请；同一申请人先后就同样的发明创造提出两份以上的专利申请；不同申请人同日就同样的发明创造提出两份以上的专利申请；不同申请人先后就同样的发明创造提出两份以上的专利申请的情形。然而上述情形为什么属于"可能"造成而非"必然"造成重复授权呢？原因在于专利申请的法律状态不同。

一项发明创造自提交专利申请之后，根据申请缴费情况、申请质量等因素会存在多种法律状态，诸如等待申请费、未缴申请费视撤等恢复、无费视撤失效、新案审查、逾期视撤、逾期视撤等恢复、驳回、等年登印费、视为放弃等恢复、授权后视为放弃失效、公告等，当前文所述的四种情形与申请的多种法律状态交织组合在一起时，多件同样的发明创造是否涉及重复授权、如何对其进行审查、适用哪个法条等均是审查中所面临的疑惑和难点。

二、禁止重复授权涉及的相关法条及适用原则

（1）《专利法》第九条：同样的发明创造只能授予一项专利权。但是，同一申请人同日对同样的发明创造既申请实用新型专利又申请发明专利，先获得的实用新型专利权尚未终止，且申请人声明放弃该实用新型专利权的，可以授予发明专利。两个以上的申请人分别就同样的发明创造申请专利的，专利权授予最先申请的人。

《专利法》第九条首先明确了禁止重复授权的总原则，也就是说，不论申请人是否相同，申请日是否相同，都不应产生相同发明创造的重复授权；其次，还根据先申请原则，规定了在重复授权审查过程中按照何种顺序授予专利权，避免了不同申请人间的利益纠纷。

（2）《专利法》第二十二条第二款：新颖性，是指该发明或者实用新型不属于现有技术；也没有任何单位或者个人就同样的发明或者实用新型在申请日以前向国务院专利行政部门提出过申请，并记载在申请日以后公布的专利申请文件或者公告的专利文件中。

《专利法》第二十二条第二款有关新颖性的规定，从广义看，也是

为了防止相同发明创造被重复授权，但是新颖性规定的范畴是基于已经公开的技术内容进行属于相同发明创造的判断，并且由于基于现有技术，其是否相同的判断标准当然也就更为实质。

(3)《专利法实施细则》第四十一条第一款：两个以上的申请人同日（指申请日；有优先权的，指优先权日）分别就同样的发明创造申请专利的，应当在收到国务院专利行政部门的通知后自行协商确定申请人。

《专利法实施细则》第四十一条第一款明确规定了不同申请人在同一天就同样的发明创造提出专利申请时的处理方式。

三、不同法律状态下涉及重复授权的典型案例分析

根据禁止重复授权涉及的法条及适用原则，笔者通过对多种不同法律状态下涉及重复授权的具体案例分析，分别给出相应的处理方式。需要说明的是，以下案例给出的处理方式均指本申请在不存在其他缺陷的情况下的处理方式。

【案例1】

同人同日提交两件相同的实用新型，本申请处于新案审查状态，另一件申请处于等待申请费状态。

案例分析：该案例中，两件相同的实用新型隶属同一申请人，不存在《专利法实施细则》第四十一条第一款规定的权利商议问题，虽然另一件申请法律状态不稳定，但该不稳定状态不会造成对同样发明创造的重复授权，原因在于根据《专利法》第九条第一款的规定"同样的发明创造只能授予一项专利权"，在本申请授权后，即使另一件申请也缴纳了申请费，并符合授权条件，此时，由于已经存在授权的相同的发明

创造，另一件申请的审查员将针对未授权的申请发出审查意见通知书，告知申请人由于违反《专利法》第九条第一款的规定，不能授予专利权，但申请人仍有进行修改的机会。如果申请人期满不答复，未授权的申请视为撤回；经申请人陈述意见或进行修改后仍不符合《专利法》第九条第一款规定的，驳回未授权的申请。综上分析，对于本案的处理方式是无须等待另一件申请法律状态变化，可直接对本申请授权。

【案例2】

同人不同日先后提交两件相同的实用新型，在先申请处于未缴申请费视撤等恢复状态，本申请处于新案审查状态。

案例分析：该情形在审查实践中相对比较常见，关于该种情形的出现，经了解，申请人的解释通常有两种：一是先提交的申请存在撰写瑕疵，想通过重新申请的方式进行弥补；二是由于疏忽未及时缴纳在先申请的申请费，但不想通过恢复手续延续该申请，因而重新申请。这种情况下，理论上，前一申请的状态还未最终稳定，如果申请人在恢复期内恢复了在先申请，并且在先申请最终被授权公告了，那么在先申请将会构成本申请的抵触申请，因此，有一种观点认为需要暂缓在后申请的审查，等待在先申请的状态最终稳定。但是，根据实践经验，一般情况下，申请人不会花费较为昂贵的恢复费用对前一申请请求恢复，因此，笔者建议，审查员可以在电话核实相关情况之后，不必再等待在先申请的最终失效。

【案例3】

同人同日提交两件相同的实用新型，本申请处于新案审查状态，另一件申请处于授权后视为放弃等恢复状态。

案例分析： 该案例中，同人同日申请多件相同的发明创造，存在一定的不合理的申请动机，并且其中另一件申请已经获得授权，却不缴年费，处于视为放弃等恢复状态，那么，对于本申请的审查而言，另一件申请的状态就造成了一定的干扰，此时若直接对本申请做出授权决定，那么，如果另一件申请在恢复期内提出权利恢复，就会存在两件相同的授权专利，造成重复授权，并且，在审查实践中真实发生过这样的案例，由于申请人申请动机不纯，明明获得了两件相同内容的申请中一件的授权，还对前一件提出了权利恢复。为避免权利冲突和不良申请情况，笔者建议：暂缓处理本申请，等待另一件申请的法律状态稳定。针对本案，审查中可以等待另一件申请的法律状态从"授权后视为放弃等恢复"变为"授权后视为放弃失效"或者因提出恢复变为授权后"公告"再处理。显然，若变为授权后视为放弃失效状态，本申请可以授权，若变为公告状态，应针对本申请发出审查意见通知书，告知申请人由于违反《专利法》第九条第一款的规定，不能授予专利权，但申请人可以进行修改。申请人期满不答复的，未授权的申请视为撤回。经申请人陈述意见或进行修改后仍不符合《专利法》第九条第一款规定的，驳回未授权的申请。

【案例4】

不同人同日提交两件相同的实用新型，本申请处于新案审查状态，另一件申请处于逾期视撤状态。

案例分析： 不同人分别做出相同的发明创造，并于同日提交专利申请，这种情况虽然在理论上存在，在概率上来说，出现的可能性极小，但是近几年来，却在审查实践中出现了为数不少的此类情况。由于审查标准的执行应当保持一致，一般而言，对两件申请的审查意见也是大致一致或者走向趋同的，也就是说，处于新案审查阶段的本申请将会收到与逾期视撤的另一件申请大致相同或走向趋同的审查意见，除非，逾期视撤的另一件申请的审查意见确实存在明显偏差，那么，本申请应当给出更合适的处理意见。此外，由于该案例情况需要引起重视，笔者建议采取较为慎重的态度，进一步核实逾期视撤的申请的法律状态是否已经稳定。由于逾期视撤也设有恢复期，在恢复期内申请人若对该申请进行了恢复，且提交的修改文件克服了之前通知书所指缺陷，满足了授权条件，则两件申请应该根据《专利法实施细则》第四十一条第一款的规定进行处理，即，"两个以上的申请人同日（指申请日；有优先权的，指优先权日）分别就同样的发明创造申请专利的，应当在收到国务院专利行政部门的通知后自行协商确定申请人"。当然，若另一件申请逾期视撤后，不再进行恢复，最终法律状态稳定在逾期视撤失效状态，那么再对本申请授权则可以避免重复授权。

【案例5】

不同人不同日先后提交两件相同的实用新型，在先申请处于等年登印费状态，本申请处于新案审查状态。

案例分析： 根据《专利法》第九条第二款的规定"两个以上的申请人分别就同样的发明创造申请专利的，专利权授予最先申请的人"，即先申请原则。本申请属于不同申请人提交的在后申请，由于在先申请处于等年登印费状态，根据申请人缴纳年费情况，该案最终状态会变为授权公告，但也可能在授权后视为放弃而走向失效，上述两种状态影响了在后申请的结论，因此需要对本申请暂缓审查，等待在先申请的状态变化。若在先申请不缴纳办登费，也不进行恢复，那么其最终状态会变为授权后视为放弃失效，此时本申请可以授权，不会产生多个相同的发明创造被重复授权；若在先申请缴纳了办登费，或者在规定的期限内未缴办登费但在恢复期内恢复了权利、完成了办登，那么在先申请的公告将构成本申请的抵触申请，本申请无法授权。

四、总结

以上，笔者通过对五个典型案例的分析，详细阐述了专利申请的法律状态影响重复授权判断的原因，本文虽未将所有法律状态与所有情形进行一一组合分析，但通过上述典型案例的分析研究，可以对涉及重复授权的处理方式提出如下建议：

实用新型审查中，除了关注是否存在多件相同的发明创造外，还应关注同样发明创造的法律状态，当另一件或多件相同申请的法律状态不稳定，且会影响本申请的法律结论时，建议暂缓对本申请的审查，待其法律状态稳定后再处理，这样操作能够有效避免权利冲突和不良申请的不当获利。可以看出，审查实践针对可能产生重复授权的情况核实越来越趋于严格和完善，这虽然会占用一定的审查资源，但是，近年来，不良申请的情况有所增多，审查实践也不得不谨慎处理，付出更多审查资源为代价，尽可能地堵住容易被利用的漏洞，尽可能地避免重复授权，从而保障实用新型制度的健康运行。

参考文献

【1】尹新天.中国专利法详解[M].北京：知识产权出版社，2011.

【2】田丹.对中国专利法中"禁止重复授权"原则的分析[J].法制与社会，2008.09（中）：95.

申请文件的形式审查

浅析有关专利请求书中发明人重复的审查规则

孙超一

摘要：《专利审查指南2010》第一部分第一章第4.1.2节规定，审查员不对请求书中填写的发明人做资格审查，这并不意味着审查对发明人主体资格毫无要求。本文将从《专利审查指南2010》有关部分的规定出发，探讨其中关于发明人主体资格的要求，并以此为解决审查实践中遇到的发明人重复的问题提供理论依据。

关键词： 发明人；姓名；重复；审查

一、引言

在专利审查程序中，不对专利请求书中所填写的发明人做资格审查，而是仅审查填写的发明人姓名形式上是否符合要求。一般认为，发明人姓名的诸多形式要求均可由《专利审查指南2010》第一部分第一章第4.1.2节规定的填写规则推导而来，唯有发明人填写重复的情形是否满足填写规则的要求存在争议。审查实践中，发明人填写重复的情形时有发生，通常认为该种情形属于形式缺陷，那么，审查的依据是什么呢？相关的处理方式又有哪些呢？

二、发明人审查要求解读

《专利审查指南2010》第一部分第一章第4.1.2节规定，专利审查程序中，审查员对请求书中填写的发明人是否适格《专利法实施细则》第十三条的规定不做审查，仅审查请求书中填写的发明人是否是个人，填写的发明人姓名是否是本人真实姓名。"个人"和"本人真实姓名"的要求表面上看是对填写形式的要求，但是，其实质上包含了对发明人主体资格的要求，虽然《专利审查指南2010》要求审查员不审查所填写的发明人是否是对发明创造的实质性特点做出创造性贡献的人，但是，并不意味着对于填写的发明人的主体资格没有要求。

《专利审查指南2010》第一部分第一章第4.1.2节中，有关请求书中填写的发明人的要求，主要在于"发明人应当是个人"和"发明人应当使用本人真实姓名"。其中，所谓"个人"指自然人，表面上看是对填写的发明人姓名的形式要求，但是，其实质显然是对填写的发明人的主体资格的要求，只有自然人才有资格成为《专利法》意义上的发明人，单位或者集体等非自然人明显被排除在外，不应作为发明人填入请求书。所谓"本人真实姓名"的含义可分为内外两个层次，其中，"真实姓名"是对外在形式的要求，"本人"则是指"发明人本人"，是对内在实质的要求，包含了对发明人主体资格的要求，即请求书中填写的发明人姓名应当是发明人本人的真实姓名，形式上看是真实姓名，但是，真实姓名所代表的发明人主体明显存在瑕疵的，也是不符合要求的。

可见，在专利审查程序中，对于请求书中填写的发明人主体资格是有要求的，笔者将其概括为，请求书中填写的发明人姓名所代表的主体应不能明显被排除在适格《专利法实施细则》第十三条规定的主体之外。这是专利制度对于请求书中填写的发明人的最低限度要求。

另外,在处理有关发明人姓名的事务时,可能会涉及著录项目变更程序,厘清二者之间的关系有助于理解发明人填写重复的处理方式。

根据《专利审查指南2010》第一部分第一章第6.7节的规定,发明人姓名属于有关人事的著录项目,该类著录项目发生变化的,应当由当事人办理著录项目变更手续。并且,根据《专利审查指南2010》第一部分第一章第6.7.1.2节的规定,请求变更发明人的,应当缴纳著录项目变更手续费。一般认为,这里所说的"变更发明人"是指发明人主体的变更,即发明人主体发生变化的需要缴纳相关费用,发明人主体未发生变化的不需要缴纳相关费用。值得注意的是,涉及发明人顺序变更时,单个发明人主体并未发生变化,只是排列的顺序有所不同,此时,仍需要缴纳相关费用。笔者认为,发明人的署名权作为一种权利和荣誉,隐含着顺序的要求,原因在于,多个发明人共同完成发明创造时,在客观贡献上必然存在大小之分,对应到发明人地位上,必然也有前后之分。社会公众也通常持有这种观念,发明人姓名的先后顺序影响着社会公众对于相关权利及荣誉大小的认知。发明人顺序变更,某种意义上是对多个发明人客观贡献重新认识的结果,造成了发明人主体的地位的变化,从这个角度来看,发明人主体实质上发生了变化,自然需要缴纳相关费用。

因此,笔者认为,发明人主体发生变化的需要缴纳相关费用,发明人主体未发生变化的不需要缴纳相关费用,不存在例外。在处理发明人填写重复的情形时,需要根据这一标准确定是否需要申请人缴纳相关费用。

三、发明人填写重复的处理方式

根据长期的审查实践，我们发现，发明人重复的具体原因一般有以下三种：

（1）重复填写了某发明人的姓名；

（2）将某发明人的姓名错填为与其他发明人相同的姓名；

（3）两发明人重名。

第（1）种情形从电子申请系统上线之后开始相对多见，产生原因当与电子申请系统面向申请人的客户端有关，可能与填写人的失误操作有关。

该种情形下，同一发明人主体在申请文件中出现了多次，显然违背署名权的意义。《专利法》意义上的发明人主体，在客观上是独一无二的，是不可能重复存在的，多个重复的发明人姓名实质上仅能代表一个发明人主体，导致请求书中重复填写的某发明人的姓名中，仅有一个姓名能够代表适格《专利法实施细则》第十三条规定的发明人主体，其余姓名代表的主体则无实际意义，无实际意义的主体明显被排除在了《专利法实施细则》第十三条之外。因此，该种情形下应当删除重复的内容，每一发明人主体仅保留一个姓名。

笔者认为，如果多个相同的发明人姓名对应的是同一发明人主体，并且这一发明人主体在客观上也是独一无二的，不可能重复存在的，删除重复的发明人姓名，并未造成所填写的发明人姓名在整体上所代表的发明人主体总量上的减少，同时，不论保留的是哪个发明人姓名，最终确定的发明人顺序也均涵盖在最初填写的发明人姓名的顺序的可能的含义范围之内，因此，该种情形下删除重复的发明人姓名并不涉及发明人主体的变化。根据前述判断是否需要缴纳著录项目变更费的标准，发明人主体未发生变化的，不需要缴纳相关费用。

另外，相关费用的必要性在某种程度上决定着著录项目变更程序的必要性，原因在于，著录项目变更程序是诸多与申请人沟通的途径之一，著录项目变更程序针对著录项目的改变这一类请求而设置，与其他的途径相比，最大区别在于某些情况下需要缴纳费用，排除费用的因素，著录项目变更程序与其他沟通途径本质上并无不同，对于不需要缴纳相关费用的著录项目变更，甚至可以用补正书或者意见陈述书的形式替代，只要能明确确定申请人的相关意思即可，因此，该种情形下删除多余的发明人姓名也并非必须通过著录项目变更程序得以实现。

第(2)种情形中，错填的发明人姓名，在形式上不能代表其本应代表的发明人主体的存在，即不能推定正确的发明人姓名所代表的发明人主体已经记载在申请日提交请求书的著录项目中，造成该项发明人主体不明。发明人主体不明，如何能判断其是否适格《专利法实施细则》第十三条？因此，笔者认为，该种情形下，错填的发明人姓名所代表的发明人主体可以明显被排除在适格《专利法实施细则》第十三条的主体之外。如果改正错填的发明人姓名，则可使得该项发明人由主体不明变为主体明确，显然涉及了发明人主体的变化。根据前述判断是否需要缴纳著录项目变更费的标准，发明人主体发生变化的，需要经过著录项目变更程序，并缴纳相关费用。

第(3)种情形中，重复的发明人姓名分别对应不同的发明人主体，属于客观事实，无须做任何处理。但是，由于仅能从填写形式上判断填写的发明人姓名是否满足要求，而该种情形填写的发明人姓名在形式上与前两种情形并无二致，并且，这种情况发生的概率极小，审查员也很难直接认定出该种情形是否真实、客观，须经当事人配合说明后才可明确。因此，审查员通常会推定这可能是一种缺陷，然后由当事人做出必要的澄清,以避免不必要的填写错误。

除发明人填写重复外,审查实践中还曾有过一种请求书中填写的发明人不符合专利审查程序中对于发明人主体资格要求的情形,笔者将其概括为,填写的发明人明显与本发明创造无关。该种情形下,请求书中填写的发明人明显不可能参与本发明创造的过程,发明人主体资格可以明显被排除在适格《专利法实施细则》第十三条规定的主体之外,有关的处理方式和依据与发明人填写重复的类似,不再赘述。

四、结语

发明人是专利制度中的重要概念,但是,有关事实的查明太过复杂,所以,专利审查程序仅对发明人主体提出了最低限度的要求。在审查实践中,请求书中发明人姓名填写的缺陷通常易于克服,发明人填写重复则是少有的较为复杂的情况,本文对此进行了分情况探讨,以使得相关处理思路比较清晰,但是,处理仍需花费比较多的时间,并且可能需要申请人提供相应证据,经历较为复杂的过程,因此,本文也提醒广大申请人和代理人尽量避免出现此类错误,以更快地获得专利权。

解析《专利法实施细则》第四十条审查中的几点困惑

许 莹

摘要： 本文从《专利法实施细则》第四十条的适用范围出发，分析了《专利法实施细则》第四十条的立法宗旨，以及申请日确立的原则和法条的适用。并且，本文还辨析了在不同情况下补交附图的情形是否适用《专利法》第三十三条或《专利法实施细则》第四十条的规定，针对审查实践中有争议的情形进行了分析和总结。

关键词： 重新确定申请日；受理；修改超范围；补交附图

一、引言

"申请日"是提出专利申请之日，由于我国采取先申请原则，申请日的重要性不言而喻，申请日的确定无论对专利申请还是对被授予的专利权来说都具有重大的意义。对专利申请来讲，申请日是现有技术时间界限的划分；对已授予专利权的专利来讲，申请日是保护期限的起始。因此，这决定了申请日的确定应当非常慎重。

通常来讲，申请日一经确定无法更改。但是，《专利法实施细则》第四十条中却规定了可以重新确定申请日的情况。其也是唯一涉及申请日在受理确定后可以变更的条款。《专利法实施细则》第四十条规定："说明书中写有对附图的说明但无附图或者缺少部分附图的，申请人应当在国务院专利行政部门指定的期限内补交附图或者声明取消对附图的说明。申请人补交附图的，以向国务院专利行政部门提交或者邮寄附图之日为申请日；取消对附图的说明的，保留原申请日。"

由于导致申请日的重新确定，《专利法实施细则》第四十条的适用条件非常严格，即"说明书"中写有对附图的说明，且"说明书附图"无附图或者缺少附图。并且，具体到实用新型申请来讲，由于在申请时必须提交附图，因此，涉及《专利法实施细则》第四十条的适用条件只能为一种情况："说明书"中写有对附图的说明，但缺少附图的情况。其他任何情况，如权利要求书缺页、说明书中未写有对附图的说明等，均明显并不符合《专利法实施细则》第四十条的规定。

为什么做如此严苛的规定？目前没有找到明确的文字记载，但根据多方交流及向资深专家请教，笔者认为，普遍的理解是，先申请制度是我国专利制度的基础之一，其申请日的确定关系到诸多法律问题的日期确定，因此不能被过于宽松地变更，否则会带来诸多实务中的麻烦，《专利法实施细则》第四十条的设立在《专利法》的制定过程中也存在一定争议，但通过各种因素的协调、妥协，基于我国国情，最终保留了《专利法实施细则》第四十条规定的情形。笔者推测因为说明书和权利要求书是记载发明创造的主要内容的最重要的依据，附图记载的内容相对不能单独地说明发明创造，处于"附加"的地位，出于对我国申请人的保护，《专利法实施细则》第四十条保留了因附图的缺失或缺少而允许重新确定申请日的机会，但同时要求了需要在说明书中写有对附图的说明的限制条件，也就是说，《专利法实施细则》第四十条的条件是非常明确和有限的。

　　显然，这是给予申请人提交的申请文件不完整的一种救济，是允许对申请人的过失——无附图或者缺少附图——进行弥补的条款。那么如何救济？为什么可以设置这样的救济途径呢？以下对此展开分析。

二、文件齐备日是重新确定申请日的依据

　　为了研究《专利法实施细则》第四十条修改申请日的依据，必须从专利申请的受理谈起。专利申请的受理包含了最低限度申请文件的要求，具体见《专利法实施细则》第三十八条：国务院专利行政部门收到发明或者实用新型专利申请的请求书、说明书（实用新型必须包括附图）和权利要求书，或者外观设计专利申请的请求书、外观设计的图片或者照片和简要说明后，应当明确申请日、给予申请号，并通知申请人。《专利法实施细则》第三十九条规定了专利申请不予受理的情形，即"发明或者实用新型专利申请缺少请求书、说明书（实用新型无附图）或者权利要求书的，或者外观设计专利申请缺少请求书、图片或者照片、简要说明的"。由此可见，对实用新型专利申请来讲，最低限度申请文件包括：请求书、说明书、说明书附图和权利要求书。只要国家知识产权局收到了上述文件，即可确定申请日，缺少上述任何一项，便不能构成符合要求的专利申请文件，不符合受理条件，因而也就不能确定申请日。由此可知，所有类型的最低限度申请文件在申请日当天必须全部提交，才满足受理条件，才能确定申请日。

　　但是，在专利申请受理的过程中，虽然需要核实文件数量，但是并不对申请文件的具体内容进行核查，因此，对实用新型专利申请来讲，如果存在缺少附图的情形，受理时是无法发现的。因此，在说明书写有对附图的说明的条件下，《专利法实施细则》第四十条可以作为一种救

济性质的条款,允许申请人选择任一补救措施,即,或者通过补交附图重新确定申请日,或者取消对缺少的附图的说明。并且,如果申请人选择取消对附图的说明,那么说明受理日提交的申请文件已经属于文件齐备的情况,无须更改申请日;如果申请人选择补交附图,那么说明受理时提交的申请文件虽满足最低限度,但实质上并不齐备,应当按照文件齐备之日重新确定申请日,而该文件齐备之日为申请人补交附图的日期。因此,采用"文件齐备之日"作为重新确定申请日的依据是合理的。

三、补交附图的法律依据之争

在明确了文件齐备日是重新确定申请日的依据这一原理后,审查实践中关于补交附图的如下争议即可解决。

对说明书中写有对附图的说明,但缺少部分附图的实用新型申请来讲,在适用《专利法实施细则》第四十条的规定时,申请人必然需要提交新的附图,对于此时涉及的修改,在审查实践中存在着不同的认识和做法。

一种意见认为,如果申请人补交的附图可以从原申请中直接地、毫无疑义地得出,也就是说新提交的附图符合《专利法》第三十三条的规定,则不必修改申请日,接受补交的附图继续审查。

另一种意见认为,这种情况应当按照《专利法实施细则》第四十条的规定进行审查,此时无须审查新提交的附图是否符合《专利法》第三十三条的规定,只要提交了新附图,就应当重新确定申请日。

前一种意见的思路是以实体为重,认为如果不超范围,则无须申请人付出重新确定申请日的代价;后一种意见认为申请人补交缺少的附图应当直接适用《专利法实施细则》第四十条的规定,重新确定申请日。那么哪一种意见是合理的呢？

其实，根据文件齐备日作为重新确定申请日的依据分析可知，对于由于申请文件缺图、少图而引起的补交附图，《专利法实施细则》第四十条已经有了非常明确的规定，即"申请人补交附图的，以向国务院专利行政部门提交或者邮寄附图之日为申请日"，也就是说，《专利法实施细则》第四十条仅针对遗漏部分附图的情形做出了具体的规定，当遗漏部分附图时，说明书附图是不完整的，当其通过补交附图使最低限度的申请文件齐备，则需要将其文件齐备之日重新确定为申请日。也就是说，《专利法实施细则》第四十条是受理过程不足的一个补救，此时显然不需要考虑申请文件的修改问题，更不会涉及该种修改是否超范围的问题。而《专利法》第三十三条的审查，是在确定了申请日的基础上才可以进行的审查，其是以申请日的文件记载的范围作为修改的依据的，应该发生在申请人提交申请文件的修改之时。

综上所述，《专利法实施细则》第四十条的审查与《专利法》第三十三条的审查所针对的情形不同，应当辨析清楚发生的情形是否符合《专利法实施细则》第四十条所规定的情形。《专利法实施细则》第四十条作为对受理过程的补救条款，其是在申请日并未实质上确定时适用的，而《专利法》第三十三条是申请日确定后才进行审查的条款，一般发生在审查过程中，申请人应审查员的意见或者主动进行附图的修改或者添加时，需要对提交的文件进行《专利法》第三十三条的审查。只有辨析清楚文件齐备日是作为申请日确定的深层次属性，才能甄别审查时适用哪一条款，并且审查员应当严格地辨析发生的情形是否符合《专利法实施细则》第四十条规定的情形，不进行扩大化条件扩展，是在操作上较为容易掌握的方法。

四、一种补交附图的特例

实践中也会出现这样一种情形，申请人主动提交在说明书中写有对附图的说明，但缺少的附图，且该缺少的附图并不超出原申请记载的范围，基于前文"文件齐备日是重新确定申请日的依据"所论述，仍然需要重新确定申请日。此种情况，虽然合法，但是，申请人会认为其附图的添加并没有超出申请日提交文件的范围，但却要付出重新确定申请日的代价，并不合情理。那么对于这种情况，申请人是否可以在保留原申请日的同时也提交缺少的附图呢？以下面的案例举例说明。

【案例】

申请人在申请时遗漏了附图2，只提交了附图1。

说明书中的附图说明为：

图1是一种机械的整体构造图；

图2是图1中A部分的放大图。

图1和图2如下：

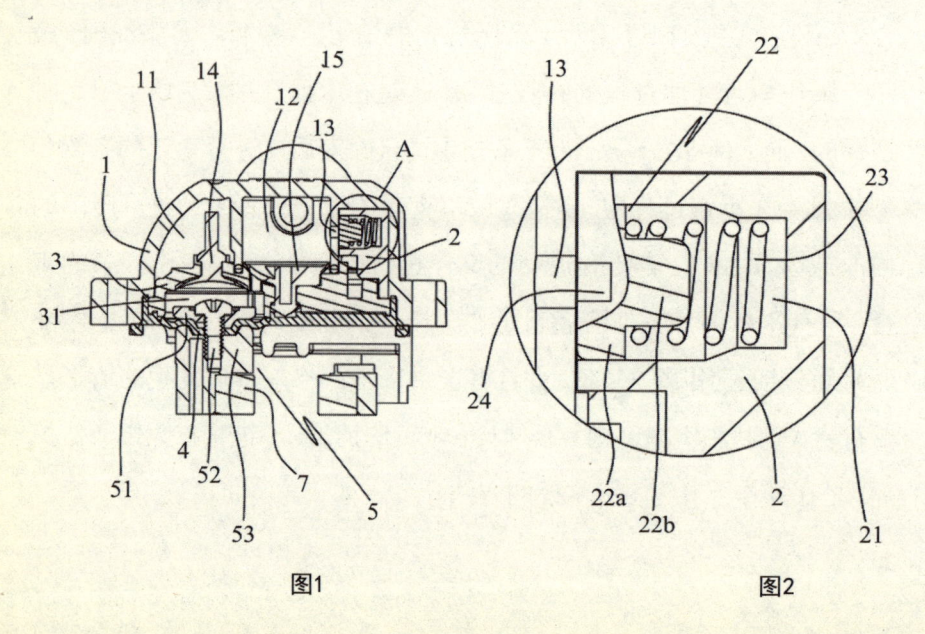

图1   图2

对于附图来讲，图1中关于A部分的细节清晰，图2的内容可以从图1中直接地、毫无疑义地得出。此时，申请人有两种做法可以补全缺少的附图2。

第一种做法，提交缺少的附图2，但是需要重新确定申请日。

第二种做法，取消对附图2的说明，保留原申请日。在后续的审查中，增加图2，也就是增加了图1中A部分的放大图，并相应修改附图说明部分。由于《专利审查指南2010》第二部分第八章5.2.2.2对修改附图有明确的规定"在文字说明清楚的情况下，为使局部结构清楚起见，允许增加局部放大图"，这一修改方式符合《专利法》第三十三条的规定。也就是说，如果申请人采用第二种做法，既不可以达到补交了申请人原本缺少的附图，又可以保留原申请日。

第一种做法和第二种做法最终的文本是完全相同的，但是却有不同的法律后果，这是否合理呢？通过对《专利法实施细则》第四十条的研读，我们知道，《专利法实施细则》第四十条对两种救济途径的主体做出了明确的规定，"申请人应当在国务院专利行政部门指定的期限内补交附图或者声明取消对附图的说明"，也就是说，申请人作为主体选择使用哪一种救济方式，是按照申请人的意愿来确定的。由于申请的受理过程需要遵守"请求原则"，《专利法实施细则》第四十条作为对受理过程的补救条款，显然也应当充分遵守"请求原则"。也就是说，无论申请人选取哪一种方式进行救济，都是申请人真实意愿的表达，应当按照申请人提交的文本继续进行审查。而无论在以上哪种方式中，审查规则的适用都是准确的、合适的，第一种做法和第二种做法的不同，是基于申请人不同的自主选择所导致的不同法律后果。因此，如果申请人深刻理解以上法律条款设定的规则，并且能够准确判断申请文件的情况，是可以根据申请文件的实际情况做出合理的选择的。

五、结语

本文基于《专利法实施细则》第四十条作为受理过程的救济条款的依据以及救济过程的主体,分析了目前实用新型审查实践中的两种争议情形,辨析了《专利法实施细则》第四十条与《专利法》第三十三条的适用范围,并针对一种特殊情况下申请人不同的选择导致的不同法律后果进行了分析,希望对《专利法实施细则》第四十条的理解和适用有所帮助。

参考文献

尹新天.中国专利法详解[M].北京:知识产权出版社,2011.

《专利法实施细则》第四十条的审查中几种善意审查的处理

许 莹　石贤敏

摘要： "善意审查"的精神是《专利法》立法宗旨在审查中的具体体现。本文对实用新型初审中关于《专利法实施细则》第四十条"善意审查"所涉及的申请人主动补交附图的情况、交叉错交的情况和涉及同日发明的情况这三种常见情况予以分析，给出了依法合规同时又符合实际的善意审查方式。

关键词： 重新确定申请日；善意审查；交叉错交；同日申请

一、引言

《专利法》第一条即开宗明义地指出了立法宗旨："为了保护专利权人的合法权益，鼓励发明创造，推动发明创造的应用，提高创新能力，促进科学技术进步和经济社会发展，特制定《专利法》。"具体来讲，其表现在以下四个方面：（1）保护专利权人的合法利益；（2）鼓励发明创造；（3）推动发明创造的应用；（4）提高创新能力，促进科学技术进步和经济社会发展。

对于实用新型专利制度来讲，由于其快速灵活的特点，以及审批速度快的优势，深受广大申请人，尤其是中小企业和个人申请人的青睐。在实用新型专利制度实施的三十年间，极大地激发了创新主体对"小发明"的创造热情，深刻地促进了科技创新的发展。实用新型制度能够持续地散发活力，离不开申请人的创造热情，但同时，申请人中大部分为中小企业和个人，由于其不了解《专利法》的相关规定，容易让符合《专利法》立法宗旨中的本应受到保护的实用新型申请无法获得保护。

在实用新型专利审批的过程中，应当根据《专利法》第二十一条第一款对专利审查工作的规定进行，其明确要求了："国务院专利行政部门及其专利复审委员会应当按照客观、公正、准确、及时的要求"。《专利法》第二十一条第一款的要求应当符合《专利法》第一条的立法宗旨，也就是说，在按照"客观、公正、准确、及时"进行实用新型初步审查的过程中，应当始终贯穿着"善意审查"的宗旨，其是在执行"客观、公正、准确、及时"的要求时对《专利法》第一条的实际体现。

具体到本文所研究的《专利法实施细则》第四十条的规定，存在以下三种情况，在审查实践中体现了"善意审查"的精神，从而获得一种合理合法的审查方式。

二、申请人主动补交附图的情况

《专利法实施细则》第四十条规定："说明书中写有对附图的说明但无附图或者缺少部分附图的，申请人应当在国务院专利行政部门指定的期限内补交附图或者声明取消对附图的说明。申请人补交附图的，以向国务院专利行政部门提交或者邮寄附图之日为申请日；取消对附图的说明的，保留原申请日。"其中，"申请人应当在国务院专利行政部门指定的期限内补交附图或者声明取消对附图的说明"中所规定的

"在国务院专利行政部门指定的期限内"暗含了申请人应当根据审查员的审查意见补交附图,此时才具备"指定的期限"。但是,对申请人主动发现问题并补交新的附图的情况,显然也应当允许。因此,现有审查过程中,对申请人主动补交新的附图,且申请日提交的说明书中有相应附图说明的情况,视为申请人根据审查员意见补交了附图,以向专利局提交或者邮寄补交附图之日为申请日,审查员应当发出重新确定申请日通知书。

然而,这一做法是否会产生问题呢?在审查实践中经常出现如下情况,即申请人虽然主动提交了所缺的附图,却由于法律知识的缺乏,不十分了解补交附图会导致重新确定申请日的这一法律后果,因此,如果在申请人主动提交附图、审查员重新确定申请日这一法律事务但并没有告知申请人的情况下,申请人可能比较意外,甚至提出反对意见,由此造成一定的问题。审查员如果直接接受了申请人主动提交的新的附图,直接发出重新确定申请日通知书,虽然这种做法依法合规,但在申请人不知道会造成重新确定申请日的情况下,对申请人来讲,丧失了可能保留申请日的选择权。

因此,根据"善意审查"的精神,笔者建议,审查实践中还应当在发出重新确定申请日通知书之前,告知申请人。告知的形式是不限的,可以根据审查该申请的情况而定。如果此时因申请存在缺陷需要发出审查意见通知书或补正通知书,可以在通知书中一并告知;如果此时可以授权,则建议在授权前电话告知申请人予以沟通。这样,通过提前告知的做法,进一步践行了"善意审查"的精神,能够保障申请人的权益,从而避免不必要的争端。

三、交叉错交的情况

"申请日"是提出专利申请之日,申请日的确定无论对专利申请还是对被授予的专利权来说都具有重大的意义，这决定了申请日的确定应当非常慎重。《专利法实施细则》第四十条是唯一涉及申请日在受理确定后可以变更的条款，因此，《专利法实施细则》第四十条的适用条件十分严格。《专利法实施细则》第四十条规定了申请人在申请日提交的文件如果遗漏了附图或部分附图的情况才可以变更申请日。针对实用新型专利申请来讲，结合《专利法实施细则》第三十九条对实用新型申请的最低限度的申请文件"实用新型：权利要求书、说明书及说明书附图"可知，实用新型专利申请在适用《专利法实施细则》第四十条时，只可能是遗漏了部分附图的情况。对于其他任何情况，如权利要求书缺页，如说明书中未写有对附图的说明，均明显是不符合《专利法实施细则》第四十条的规定的。为什么做出如此严苛的规定，目前没有找到明确的文字记载，但目前普遍的理解是，先申请制度是我国专利制度的基础之一，而申请日的确定关系到诸多法律问题的日期确定，因此不能被过于宽松地变更，否则会带来诸多实务中的麻烦。《专利法实施细则》第四十条的设立在《专利法》的制定过程中也存在一定争议，最后通过各种因素的协调、妥协，基于我国国情，才保留了下来。但由于《专利法实施细则》第四十条规定的情况是唯一可以变更申请日的情况，其条件是非常明确和有限的。

然而，在现有审查中，却存在一种明显不符合《专利法实施细则》第四十条的适用条件，可以参照《专利法实施细则》第四十条重新确定申请日的情况。这种情况可以概述为："有证据证明两件或两件以上的专利申请附图交叉错交的，允许申请人补交附图，并重新确定申请日"（下称"交叉错交"）。此种情况仅以字面含义即可确定出其明显并不满足《专利法实施细则》第四十条的适用条件。也就是说，"交叉错交"已经突破了《专利法实施细则》第四十条的适用条件。

那么，为什么会允许"交叉交错"参照《专利法实施细则》第四十条进行申请日的修改呢？笔者对其出台的背景进行了梳理，发现其是基于电子申请客户端刚出现时的社会背景而提出的。2011年，电子申请刚刚开始实施，由于申请人、代理机构对于电子客户端存在操作不熟练等因素，导致交叉错交专利申请附图的情况较多，按照法律规定，这样的情况都只能通过重新申请来予以纠正，社会反响较大，因此，当时的审查实践中对"交叉交错"的情况参照《专利法实施细则》第四十条执行。这种做法对公众利益不会造成损失，可以被允许在审查过程中予以弥补。然而，随着电子申请逐步推广，申请人逐渐熟悉了客户端的使用，此种交叉错交附图的情况逐步减少，在目前的审查实践中，几乎不再存在严格意义的"交叉交错"的情况。可以说，其设立的初衷已经不复存在。相反地，在审查实践的过程中，"交叉交错"还会产生如下两点问题。

1."交叉交错"在审查实践中存在着执行不一致的情况

由于"交叉错交"与"错交"的情形比较相似，不少申请人认为也应该等同对待，利用《专利法实施细则》第四十条修改附图，并声称提交错误，导致在审查实践中的适用范围被进一步扩大。由于缺乏对证据要求的规范，这个要求逐渐被淡化，甚至有申请人在审查一案的过程中为克服附图的缺陷而重新提交另一份申请作为证据，并声称符合"交叉交错"的情况，造成了执行的不一致。

2.对于同日的发明和实用新型申请，"交叉交错"可能导致一定的问题

"交叉交错"还可能引发同日的发明与实用新型之间的法律问题。对于同日的发明和实用新型来说，由于两种初审制度的审查程度不同，

"交叉交错"的情形会在实用新型初步审查中被发现，而在发明初审中一般不会被发现，那么，如果发明初审处理得较快，在实用新型初步审查之前即被公开，而该实用新型由于"交叉交错"需要重新确定申请日，则会导致已公开的发明申请成为了该实用新型的抵触申请。

基于"交叉错交"所带来的上述诸多问题，也有人建议直接取消"交叉错交"参照《专利法实施细则》第四十条重新确定申请日的相关规定，但是，经过上面的分析可知，"交叉错交"确实已经超越了《专利法实施细则》第四十条的适用范畴，并且其设立的初衷也已经不复存在，也就是说，在实践中取消"交叉错交"适用《专利法实施细则》第四十条也是合法的。但是，目前"交叉错交"的情形已被公众所熟知并使用多年，基于"善意审查"的精神，出于有利于申请人的考虑，取消"交叉错交"的现有审查模式也许尚未成熟。但是，也正是因为以上分析的种种问题，笔者建议，严格执行"交叉错交"的现有审查模式，而不做进一步扩大，不再扩展到其他情况，是一种折中的做法，既有利于申请人，也不会使审查实践中产生新的问题。并且，由于"交叉错交"实际上已经突破了《专利法实施细则》第四十条的适用范围，同时，其实践也会产生以上提及的复杂问题，其在未来的审查实践中极有可能被适时地取缔，因此，笔者在此也提醒广大申请人和代理人，在以后的实际工作中应尽量避免此类错误。

在这种情况的讨论中，我们也会发现，审查的善意也有限度，需要考虑多方面的利益，全面衡量，甚至适时调整，才能保障执法的公平合理。

四、涉及同日发明的情况

近年来，就同样的发明创造同日申请实用新型和发明专利的申请数量很大，其中，少量实用新型申请存在涉及《专利法实施细则》第四十条需要重新确定申请日的情形，而申请人未必具备足够的法律知识和敏感性，不一定会主动发现其同日的发明申请也存在同样的问题。此时存在一种情况，实用新型的初审和发明初审的审查并不同步，如果申请人通过补交附图的方式克服缺少附图的缺陷，那么先提交新的附图的那一份申请就有可能成为后提交新的附图的申请的抵触申请。通过图1和图2可以清楚地表示抵触申请的情况。

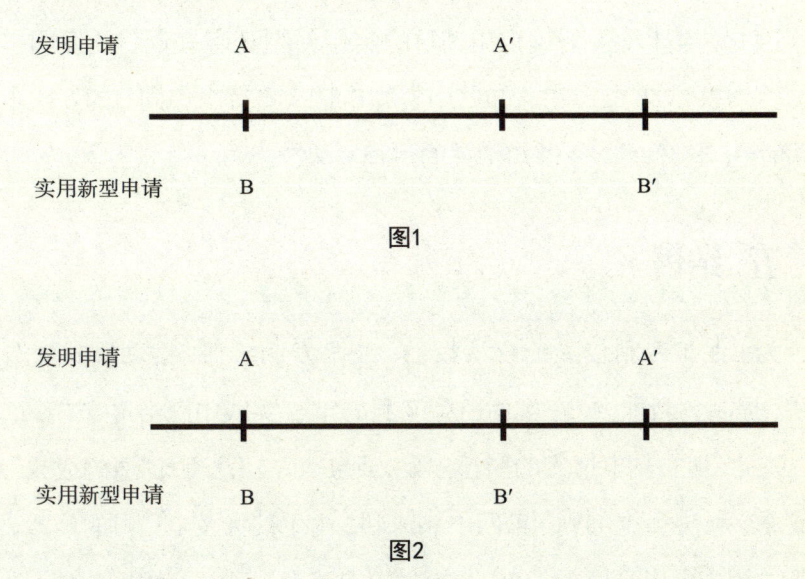

图1

图2

在图1和图2中，发明申请的申请日为A，重新确定的申请日为A′；实用新型申请的申请日为B，重新确定的申请日为B′。该发明申请和实用新型申请是同日申请，申请人在请求书中勾选了同日申请的选项。图1和图2表示了发明申请和实用新型申请均存在缺少附图的缺陷，根据《专利法实施细则》第四十条的规定补交附图并重新确定申请日的情况，但重新确定的申请日不是同一天。其中，图1是发明申请重新确定的申请日A′在实用新型申请重新确定的申请日B′之前，因此，发明申请构成了实用新型申请的抵触申请，导致实用新型申请因不具备新颖性而无法获得授权。图2是图1的相反情形，即，实用新型申请构成了发明申请的抵触申请。

因此，最有利于申请人的方式是对发明和实用新型两份申请同时补交新的附图，以避免重新确定的申请日不一致，造成申请人利益的损失。因此，在审查过程中，基于"善意审查"的精神，有必要告知申请人注意同日的发明申请是否也存在同类的问题，以便申请人不错过同时提交其相关发明申请的修改的时机，避免后续复杂的法律问题。

因此，当涉及重新确定申请日的实用新型还存在同日的发明申请时，笔者建议，审查员在通知书中告知申请人自行考虑同日的发明申请是否存在同类问题，并告知相关的法律后果。

五、结语

为了保护专利权人的合法权益，鼓励发明创造，推动发明创造的应用，提高创新能力，在实用新型专利的审查实践中应当遵守"善意审查"精神，切实从申请人的利益出发，保护每一份发明创造的成果。具体到《专利法实施细则》第四十条来讲，由于其涉及申请日的修改，在审查过程中更应当慎重，文中所探讨的申请人主动补交附图的情况、交叉错交的情况和涉及同日发明的情况是三种典型涉及"善意审查"精神的运用的审查实践，应当从保护申请人利益的角度出发，慎重、客观地予以审查。

参考文献

尹新天.中国专利法详解[M].北京：知识产权出版社，2011.

对原申请不存在单一性缺陷的分案的思考和建议

石贤敏　　游雪兰

摘要： 根据我国《专利法》及其实施细则的相关规定，当权利要求书中包含不属于一个总的发明构思的两项以上发明时，申请人可以主动提出或者依据审查员的审查意见提出分案申请。分案申请是为了克服原申请单一性缺陷而提出的，但是实际操作却往往并非如此，在审查实践中存在着相当数量的分案申请，其原申请的权利要求书中并不存在单一性问题。针对此类情况，我国现行专利法规并未明令禁止。本文通过讨论允许此类分案申请所带来的影响，尝试对分案申请制度提出合理的修改建议。

关键词： 分案申请；单一性

一、引言

根据我国《专利法》及其实施细则的规定，一件专利申请应当符合单一性的要求，当权利要求书中包含不属于一个总的发明构思的两项以上发明时，申请人可以主动提出或者依据审查员的审查意见提出分案申请。从上述规定可以看出，一件申请存在不符合单一性的缺陷，是允许其分案申请的理由,即分案申请是为了克服原申请单一性缺陷而给予的补救,二者存在法理上的逻辑关系。但是在实际操作中,存在一定量的原申请的权利要求书中并不存在单一性缺陷但申请人仍主动提出分案申请的情形,这样的分案是否合理又是否合法呢?这样的分案会产生什么样的影响呢?该不该允许这样的分案呢?

二、分案申请的提出动机

《专利法》第三十一条规定,一件发明或者实用新型专利申请应当限于一项发明或者实用新型。即一件专利申请应当符合单一性的要求,而对于不符合单一性要求的申请,《专利法实施细则》第四十二条进一步规定了:一件专利申请包括两项以上发明、实用新型或者外观设计的,申请人可以在本细则第五十四条第一款规定的期限届满前,向国务院专利行政部门提出分案申请。从上述规定可以看出,分案制度是为了克服原申请单一性缺陷而提出的,如果申请人在一份申请中向国家知识产权局递交了多项发明创造,申请存在不具备单一性的缺陷,若仅允许申请人保留其中的一组权利要求,对其他权利要求只能另行提出专利申请,并以随后的提交日作为申请日,这样的做法将给申请人带来一定的损失,不利于保护申请人的创新热情。因此,为了克服单一性问题,同时使其能保有全部的发明创造,《专利法》允许申请人依据审查员的审查意见,将原有不符合单一性的权利要求的一个专利申请分成多个专利申请,并均保留原申请的申请日。由于上述原因所产生的分案,通常权利要求是原申请的权利要求的一部分,申请人一般不会增加或修改权利要求项,此种类型的分案申请符合现行的各项法律、法规政策,与分案制度的立法宗旨相一致。

相对于上述为了克服单一性缺陷所提出的分案申请,在实际审查实践中还经常出现另外一种分案，也就是说，在原申请并不具有单一性缺陷的情况下，申请人主动提交分案申请，并且，分案申请的权利要求也往往没有在原申请的权利要求书中出现过，而是申请人根据原申请文件重新撰写的，它们大多数来自原申请说明书，但是在此基础上重新圈定了权利要求的范围。我们知道，根据《专利法实施细则》第四十三条的规定，分案申请不得超出原申请记载的范围，也就是说，分案申请中的发明创造在原申请中都已记载，一般而言，其主张保护的权利范围也已经在原权利要求书中得以体现，而从经济角度考虑，将一件专利申请变成两件或多件专利申请将产生更多的专利相关费用，如申请费、年费等，那么申请人在什么情况下会如此提出分案申请呢？

经过大量的审查实践，我们发现，申请人提出如上分案申请主要出自以下几种可能：（1）申请人为了获得更多或者更大的专利保护范围，将原申请中未及保护的技术方案加以保护，通过主动提出分案进一步挖掘原申请中申请人认为有保护价值的内容，也就是说，申请人利用分案申请的时机，以另行申请的代价，赢得一次主动修改权利要求书的机会；（2）申请人出于获得政府资助、奖励或者其他类似的目的，想通过分案申请获得多项专利权，从而不当得利，这类的分案申请的权利要求，往往与原申请的权利要求仅仅存在极小的、不具有另行保护价值的差异，比如，将说明书中公知的、与发明构思明显无关的技术特征加入原申请的权利要求中，或者仅是将原申请从属权利要求项任意排列组合，这些都明显是一种取巧的做法；（3）申请人想利用分案申请克服原申请权利要求存在的无法克服的缺陷，重新撰写权利要求书，使得其发明创造获得被授权的机会；（4）申请人希望通过申请分案更换不同的审查员予以审查，以期获得不同的审查结果。

此外，还有一种特例，即申请人在分案时，将分案的权利要求书撰写得与原申请的权利要求书完全相同,这样做的原因,一方面可能存在疏忽,但有时也是出于申请人的故意,由于在提出分案时尚未确定如何撰写分案的权利要求,则提交一份完全相同的权利要求书,以赢得修改的时间。

三、原申请不存在单一性缺陷的分案申请所带来的影响

不论出于何种动机,分案申请由于其保留原申请的申请日等特殊性,申请人出于不同的目的所提出的分案申请,均将会给公众以及专利局带来多种影响。

首先,基于上述第一种动机所提出的分案申请,虽然使得一个发明创造的价值得到了最大化,但是申请人通过递交分案申请,间接地延长了专利申请的审批时间,并且申请人可以不受《专利法实施细则》第五十一条中对修改时机等的限制,借助分案这个途径进行权利要求书的主动修改,特别是对于发明专利的分案申请,再次分案时可能已经和原申请提交的日期相隔几年之久,由于技术在不断地发展、变化,申请人在此基础上撰写的新的适应最新技术的权利要求很有可能已经大于、至少不同于原申请保护的范围,这种重新"圈地"的行为,使得公众在此期间难以判断申请的审批状态以及该发明创造确切的保护范围,无法在所有分案审批结束之前,冒着侵权的风险实施相近的技术方案。

以上第二种动机产生的分案则给专利制度带来很大的不良影响。这类分案申请的权利要求,往往与原申请的权利要求相比仅仅存在极小的、不具有另行保护价值的差异,比如,将说明书中公知的、与发明构思明显无关的技术特征加入原申请的权利要求中,或者仅是将原申请从

属权利要求项任意排列组合,这些都明显是一种取巧的做法。并且,一件原申请不仅分出一件分案,而是多件分案,甚至分案的数量巨大。目前,我国大部分地区都制定了相应的专利资助政策,即给予申请人一定的资助或已授权专利一定的奖励,其本意旨在鼓励申请人发明创造,但是部分申请人为了多获得多项专利权,不合理地利用专利制度中允许分案申请的机会,从而套取多份资助,这种情况无疑给国家以及公众利益带来了一定的损害。更有甚者,近年来还出现了原申请申请人转让分案申请权的现象,通过大量分案,同时进行转让,从而低成本地获取不当收益,由于此种类型的分案其保护范围大多相差不大或有所重叠,一旦发生专利侵权,则不可避免地产生纠纷。

由以上第三种动机而引发的分案申请相对较少,相对来说,这是一种申请人熟练运用现行法规挽救原申请错误的方式,在现行专利法规中并不禁止,也不会对公众产生不良侵害。但是,在一项发明创造上,申请人自身由于第一次申请的错误需要付出更多费用、时间和精力的成本,专利局也需要花费多一轮的行政资源,无疑是整体社会资源的浪费,无论是申请人还是专利局都不愿意看到,因此,从客观上来讲,其出现的比例也是很小的。

以上第四种动机出于申请人一定的侥幸心理,相同技术方案的反复提交会造成不同的审查员对相同申请的重复审查,浪费宝贵的行政、司法资源。

对于以上原申请与分案申请权利要求完全相同的特例,也明显造成了审查资源的浪费,审查实践中,有一种观点甚至认为,无论申请人有意或无意,由于分案的权利要求与原申请完全相同,应视为未实质提出分案的情况,那么,如果申请人没有时间再次提出分案,则可能造成难以弥补的损失。

四、现行法律法规分析及对分案申请的处理建议

现行的法律法规中,《专利法实施细则》第四十二条就分案的时机、条件等做了规定,其中主要从正面表述了分案的原则,"一件专利申请包括两项以上发明、实用新型或者外观设计的,申请人可以在本细则第五十四条第一款规定的期限届满前,向国务院专利行政部门提出分案申请",也就是说,分案的产生应该源于包含了两项以上发明创造的原申请,这是分案的源头和基础;同时,对于不予分案的情况,《专利法实施细则》第四十二条仅仅限定了"专利申请已经被驳回、撤回或者视为撤回的,不能提出分案申请",这就限定了,只有在原申请处于"悬而未决"状态的情况下,才存在原申请分案的基础,才允许分案,从而对分案的时机和分案权利的边界予以了限制。

关于分案申请的审查,涉及具体审查相关的操作,如何时发何种通知书等,主要由《专利审查指南2010》第一部分第一章第5节给出规定,其主要涉及的内容为请求书的填写项目、分案申请递交时间、分案申请的申请人和发明人,以及分案申请提交文件,而未涉及对分案申请的权利要求的初步审查。并且,更具体的,结合其处理要求和流程,指南中仅提及了两种情况下审查员可以发出"分案视为未提出"通知书并做结案处理,一种情况为:"在初步审查中,对于分案申请递交日不符合上述规定的,审查员应当发出分案申请视为未提出通知书,并作结案处理";另一种情况为"对于已提出过分案申请,申请人需要针对该分案申请再次提出分案申请的,再次提出的分案申请的递交时间仍应当根据原申请审核。但是,因分案申请存在单一性缺陷,申请人按照审查员的审查意见再次提出分案申请的情况除外。审查员应当审核是否同时提交了指明了单一性缺陷的审查意见通知书或者分案通知书的复印

件，如果未提交应当发出补正通知书，申请人补正后仍不符合规定的，审查员应当发出分案申请视为未提出通知书，并作结案处理。"

根据指南的上述规定，在分案申请的初步审查中，仅有指南中明确提及的两种涉及分案提交日期的情形可以直接发出"分案视为未提出"通知书，这样规定，主要体现了专利制度对分案申请权利的保护和尊重：由于"分案视为未提出"通知书是一种结案通知书，其在审查程序中类似于驳回，一般情形下仅被限制在没有补救可能的缺陷范围内使用，而针对分案权利要求书的申请，由于涉及了实质性的技术内容和技术、法律的较为复杂的判断，一般考虑给予申请人申诉和/或修改的机会，因此不属于可以发出"分案视为未提出"的情况。而对于原申请符合单一性要求情况下的分案，现行法律法规中缺少明确的限制性规定，也就是说，并非做出明确禁止的规定。这就使得明明不符合分案立法宗旨的分案得以生存。并且，一般情况下，在符合《专利法》第三十三条的情况下，分案申请如无其他缺陷时会得到授权，从而使得上述不良影响恣意蔓延，近年来大有愈演愈烈的趋势。

针对以上现状，笔者认为，基于分案申请的立法宗旨，结合各种分案所产生的不良影响，我国《专利法》或许应当对不符合分案立法宗旨、原申请不存在单一性缺陷的分案给予一定的明确限制，以下给出两条具体的完善建议：

1. 对分案申请的内容加以限制

根据《专利法实施细则》第四十二条，分案的基础应该是原申请中包括了两项以上的发明创造，基于此，我们可以明确限定，只有在满足上述条件的情况下，才允许分案。为了兼顾初步审查的快捷要求，在初步审查中，为满足上述条件而进行的判断，一个途径可以源自原申请的审查，比如在原申请的审查过程中存在审查员发出的不具备单一性的审查意见通知书，另一个途径是也应当给予申请人主动提出分案的权利，但是应当要求申请人在提交主动分案时必须对原申请存在单一性问题做出陈述，然后由分案申请的审查员进行简单的核实。第二个途径是对第一个途径的有益补充，还能避免第一个途径中的可能失误或其他情况。

2. 对不允许的分案的处理方式加以明确和完善

与上条建议相适应，笔者还建议，对不允许的分案的处理方式给出明确的规定。对于不符合原申请存在单一性缺陷而提出的分案，应当可以发出"分案视为未提出"通知书，并做结案处理，此外，考虑到单一性的判断可能存在争议，可以考虑给予申请人申诉的机会，因此可以考虑在发出上述"分案视为未提出"通知书之前，增加发出相关审查意见通知书的环节。当然，不可避免地，这种要求会增加行政执法的成本，但是能够保证程序的合理性和准确性。

以上建议的核心是将分案申请的提出回归到《专利法实施细则》第四十二条的立法宗旨，将分案申请与主动修改这两个不相关的法律事务"划清界限"，不再给予申请人利用分案申请进行主动修改的机会，从而进一步完善相关的法律法规和审查制度，保障申请人和公众的正当利益。

五、结语

在实用新型的初步审查中，对分案申请权利要求的初步审查的相关规定不够严格，导致了现实中的一些问题，使得分案申请常常被利用来进行主动修改，甚至一些不良动机的主动修改，从而产生了一定的不良影响。法律法规的制定需要充分考虑国情，并且最终维护立法宗旨的贯彻和施行。或许我们可以考虑，在合适的时机下，不再支持利用分案申请进行并非克服单一性缺陷的主动修改，使分案制度的实施完全符合立法宗旨，从而更好地保障专利制度的运行。

参考文献

张立泉.试析专利分案的不当得利及其对策[G]//实施国家知识产权战略，促进专利代理行业发展——2010年中华全国专利代理人协会年会暨首届知识产权论坛论文集.2010.

分案申请中类型填写错误是否允许补救

游雪兰　　石贤敏　　孙超一

摘要： 根据《专利法》及其实施细则的相关规定，分案申请应该在申请之时进行声明，而不能在申请提出之后进行声明，对于已经提出的分案申请，一般情况下在后续程序中也没有设定申请人可以选择改变类型、变为普通申请的环节，但是，在审查实践中仍然会出现很多特殊情况，例如分案申请在申请时未提出声明或者是把一般申请误当作分案申请提交等情况。本文结合审查实践中出现的几个特殊案例，进行分析讨论，并给出处理建议。

关键词： 一般申请；分案申请；转换

一、引言

根据《专利法》及其实施细则的规定，当权利要求书中包含不属于一个总的发明构思的两项以上发明时，申请人可以主动提出或者依据审查员的审查意见提出分案申请。《专利法实施细则》以及《专利审查指南2010》中还对分案申请提出要做出声明给予了明确规定，具体为：首先，需要申请人在请求书中声明其为分案申请，并填写原申请的申请号和申请日；其次，要求在分案申请说明书的起始部分中，说明本申请是哪一件申请的分案申请，并写明原申请的申请日、申请号和发明创造的名称。但是对于一些特殊情况，例如由于申请人在申请过程中不熟悉相关规范或者出现工作疏忽，偶尔发生的分案申请在申请时未提出声明或者是把一般申请误当作分案申请提交等情况，是否可以允许申请人予以补救呢？

二、分案申请中关于分案意思表示的相关规定

根据《专利法实施细则》第四十三条第三款的规定及《专利审查指南2010》第一部分第一章第5.1.1节、第二章第10节和第五部分第三章第2.3.2节的规定，分案申请应当在请求书中填写原申请信息。这是由请求书在受理时的重要地位决定的。在请求书中填写原申请信息是申请人做出相关意思表示的规范途径，如果申请人在申请时即在请求书中填写了原申请信息，则专利申请被受理为分案申请；如果申请人在申请时未在请求书中填写原申请信息，则专利申请将被受理为一般申请。

根据《专利审查指南2010》第二部分第六章第3.2节的规定，分案申请应当在说明书的起始部分写明原申请信息。并且，根据《专利审查指南2010》第五部分第八章第1.2节规定的专利公报的内容可以看出，专利公报并不包括单独设置的原申请信息，社会公众仅能通过申请人将原申请信息写入说明书获知该专利申请为分案申请。可以看出，说明书中记载的原申请信息的主要作用在于向社会公众披露相关信息，并接受社会公众的监督。

在我国的发明专利申请及实用新型专利申请的审查制度中，以上第一点要求，即，在请求书中填写原申请信息，是对发明专利申请及实用新型专利申请的初步审查环节提出的要求；而以上第二点要求，即，

在说明书的起始部分填写原申请信息,是对发明专利申请的实质审查环节及实用新型专利申请的初步审查环节提出的要求。可见,一般而言,申请人应该在请求书及说明书的起始部分均填写原申请信息,实用新型初步审查需要对该两项内容进行审查,而发明专利申请则在初步审查和实质审查两个环节分别对两项内容进行审查。也就是说,请求书及说明书的原申请信息的作用以及两者在两种专利制度中所处的审查环节均不相同。

以下,本文将结合审查实践中出现的几个特殊案例,讨论是否可以允许一般申请与分案申请之间的类型转换。

三、一般申请是否允许改为分案申请

1. 案例介绍

某实用新型专利申请A,申请日提交的请求书中未填写分案信息,但说明书中注明了分案信息,内容如下"本发明专利申请是申请日为2012年9月29日、申请号为20121×××××××.3、名称为'基于……调度系统'的中国实用新型专利申请的分案申请",由于请求书中未填写分案信息,本申请被作为一般申请受理,以请求书提交日作为申请日,不享有原申请的申请日。申请人在收到受理通知书后发现该错误,主动提交意见陈述书,请求根据说明书中记载的分案信息将该一般申请改为分案申请。

对于上述案例,是否可以允许将该一般申请修改为分案申请呢?

2. 两种观点的比较

观点一:《专利法实施细则》第四十三条规定,"分案申请的请求书中应当写明原申请的申请号和申请日。"《专利审查指南2010》第五部分第三章2.3.2.1中也规定"分案申请请求书中未填写原申请的申请号或者填写的原申请号有误的,按照一般专利申请受理"。从立法的角度,如果申请人有意申请分案,理应要求其在受理时于请求书中予以明示。根据《专利法实施细则》第三十九条规定的受理条件,对于"五书"的要求主要在于其有无,并不涉及具体内容,考虑到受理程序的主要任务,也不可能对"五书"的具体内容有过多要求,也就是说,说明书中记载的原申请信息并不能作为该专利申请能否被受理为分案申请的依据,请求书中的相关信息是申请人做出意思表示的唯一途径,分案申请必须在请求书中进行声明,未填或错填了原申请号,都将按照一般申请进行受理,没有例外。因此,不应允许修改为分案申请;此外,对于此案,如果申请人坚持对自己发明创造的主张,若递交时机仍符合规定,可以建议申请人撤回本申请,另行提交信息正确的分案申请,这是其补救失误的唯一途径。

观点二:上述《专利法实施细则》与《专利审查指南2010》的相关规定均是申请全部采用纸件,未采用电子申请时期所进行的规定,纸件申请的受理由人工操作,一般情况下受理人员会进行初步核实,可以较容易地发现该类明显错误,并及时通知申请人进行修改。而目前,随着电子申请占据申请量的比重越来越大,提交时没有受理人员的初步审核,受理环节所起的作用已经被弱化,一旦申请人错填或漏填原申请号,依据原规定的处理方式,完全不给申请人进行补正修改的机会将给申请人带来巨大的损失,如若此案申请人发现该错误时已经超过了提交分案申请的截止日期,那么该案将丧失重新提出分案申请的机会。此外,由于本案被作为一般申请受理,不享有原申请的申请日,原申请也极有可能影响本申请的授权前景。因此,可以允许申请人将该一般申请修改为分案申请。

3. 分析

笔者认为，针对本案的情况，由于在说明书中清楚地记载有原申请的申请号、申请日信息，且经过审查员核实，申请的内容也确实为原申请的分案申请，且申请人是在初步审查阶段发现的该错误，该实用新型专利申请并未被公布，将该一般申请改为分案申请而导致的申请日的修改并不会给公众带来损失，因此，本着有利于申请人并不侵害公众利益的原则，笔者倾向于在法律允许的范围内给予申请人必要的帮助，根据说明书记载的内容，将一般申请改为分案申请，并发出重新确定申请日通知书。

由以上案例可知，现有的分案制度由于没有设置一般申请转换为分案申请的机制，申请人可能由于操作失误，导致分案申请只能被作为一般申请受理，且如果发现该错误时已经超过提交分案的规定期限，申请人也将失去再次分案的机会，并且如原申请已经被公开，那么该申请也很难获得法律保护，对申请人将造成不可挽回的损失。而即便申请人发现该错误时，仍处于分案申请提交的规定期限内，申请人主动撤回该申请，再次提交分案申请，在进入初步审查阶段前，专利局也需对其重新进行受理、收费、分类等程序，浪费了有限的审查资源。

因此，笔者建议，针对以上案例所涉及的情况，在现有的初步审查环节增加一定的补救设置，明确予以申请人一定的失误补救，对于发明或实用新型专利请求书中未填写原案信息，说明书中记载原案信息的案件，在专利局做好公布发明或实用新型专利申请的准备工作之前，如果申请人主动提交意见陈述书，请求将一般申请改为分案申请并说明原因，经核实，情况属实的，允许审查员根据说明书记载的内容，将一般申请改为分案申请。然而，如果该专利已经申请且已经被公布或者专利局已经做好公布的准备工作，抑或是说明书中记载的原申请信息也存在一定错误，那么，由于专利文献已经以一般申请的形式予以公布，再改成分案申请会影响公众的理解和相应的专利实施相关行为，因此申请人只能为自己的错误负责，不能将之改为分案申请。

四、分案申请是否允许改为一般申请

1. 案例介绍

发明专利申请B，申请日提交的请求书中填写有分案信息，且填写的是一个真实存在的申请号，随后申请人主动提交补正书声明分案信息为错误填写，申请将之改为一般申请。

发明专利申请C，申请人在请求书中声明其为一个分案申请，并清楚准确地填写了原申请的申请号和申请日，该案作为分案申请初审合格，之后在实审阶段，审查员一通中指出分案申请超范围，申请人答复一通时要求将本申请变更为一般申请，但没有得到审查员的允许。而后审查员以本申请不符合《专利法实施细则》第四十三条第一款的规定为由驳回了本申请。复审请求人在提出复审请求时，再次要求将本申请变更为一般申请。

对于上述两个案例，是否能够根据申请人的意愿，将分案申请修改为一般申请呢？

2. 两种观点的比较

观点一：《专利法》及其实施细则以及《专利审查指南2010》中均没有明确写明分案不能转变为一般申请，那么"法无禁止即可为"，且分案申请的本意是赋予申请人分案的权利，是利于申请人将原申请中没有保护的方案进行保护的制度，如果请求书中出现了明显的错填，或者，如果申请人是在不了解分案申请相关规定的前提下，根据错误的理解将一件一般申请申请为"分案申请",那么从善意的角度,应该允许申请人将其变更为一般申请,以纠正这个明显错误。

观点二:根据《专利法》的相关规定,请求书是申请人相关意思表示的唯一途径,如果申请人在分案申请的请求书中写明了原申请的申请号和申请日,原申请的申请号真实有效,那么受理程序中,应该按照申请人的意愿,按照分案申请进行受理。申请人应当承担其行为导致的相应的后果。因此,以上两种情况均不能允许将分案申请变更为一般申请。

3. 分析

针对上述案例B的情况,经审查员核实,本申请与填写的原申请没有任何关系,原申请要求保护一种低熔点混合熔盐传热蓄热介质,而本申请要求保护一种镧钼阴极丝材料,二者要求保护的主题明显不相关,因此可以认定该案是由于申请人的失误导致的错填,如果将本案作为填写的原申请的分案申请处理,则在实审阶段审查员会以分案申请超出原申请记载的范围,不符合《专利法实施细则》第四十三条第一款的规定为由驳回该申请,将对申请人造成无法挽回的损失。因此,从分案申请的立法宗旨考虑,本着保护创新的初衷,在专利局尚未做好公布发明专利申请的准备工作的前提下,可以允许将本申请修改为一般申请。

而针对上述案例C的情况,请求书中填写的原申请真实存在,且是申请人的在先申请,两者之间具有一定的关联性,无法确定请求书填写错误,也不属于明显错误的情况,申请人在收到受理通知书以及发明初审阶段均未对本申请为分案申请的事实提出异议,也表明申请人认可其申请属于分案申请,专利审查中倡导"善意审查",是要在法律允许的范围内给予申请人必要的帮助,而不是超越法律规定给予救济,在申请人提出的分案申请符合法律要求且初审合格公开后,如果允许申请人在实审、复审阶段进行分案申请变更，会导致分案申请的随意性，侵害公众利益，也会增加行政成本。因此，该分案申请不能变更为一般申请。

可见，现有的分案审查制度中，没有设置可以允许申请人为补救失误而申请将分案申请转换为一般申请的环节，对于偶发的把一般申请误当作分案申请提交的情况，缺少相应的处理规范，容易造成在审查层面的标准不一致。从上述两个案例的分析可以看出，分案申请是否允许其改为一般申请，首先应当判断该申请是否属于分案申请与原申请明显无关，申请人错填请求书中信息，申请人实际无意分案的情况，如果确实属于上述情况，申请人在该申请公开之前主动提交了意见陈述书，陈述了原因以及将申请变更为一般申请的意愿，那么可以允许将此类明显错填的分案申请修改为一般申请，这样，既保护了申请人实际做出的发明创新，又没有对公众、他人的利益造成侵害，是比较合理的实际做法。反之，如果不属于上述明显错填的情况，或者申请已经公布，则申请人只能为其失误承担相应的后果，不能允许其将分案申请改为一般申请。

五、结语

根据本文中对现行分案申请的审查相关规定的解读，我们已经明确，申请人如果有意申请分案，应该在申请日提出，其包括两个具体的要求，一是在请求书中明示，二是在说明书中记载，并且，两者应该一致。只有这样，才能从受理到公告，确保明确的申请意图得到相应的保护，并向公众公开相应的信息。但是在审查实践中仍然会出现很多意想不到的状况，从鼓励、保护创新的角度，对于申请人由于疏忽而造成的损失，或许我们可以建议，在法律允许、规则公正的范围内给予合理的救济，允许由申请人申请改正明显错误，将错填的分案申请改为一般申请，或者将错填的一般申请改为分案申请，这个程序也可以由审查员启动，经申请人陈述意见，最后进行修改或合适的处理，然而对于无法明确判断申请人主观意图的情况，或者可能侵害到公众利益的情况，比如申请已经被公开，则申请人应当为其失误承担相应的后果。当然，我们也要明了，给予补救环节的代价是更多行政资源的占用，甚至使得申请人在无形中降低对受理时申请文件完备的自我要求，可能出现更为复杂而难以判断的情况。最后，本文希望提醒广大申请人和代理人的是，是否作为分案申请，是填写请求书中非常重要的声明，应充分重视它的填写对申请的影响，同时，应该在说明书的起始部分给予一致的记载，尽量确保填写准确无误，以避免不必要的损失。

分案申请中关于申请人、发明人变更的审查

沈 杰　　詹超慧　　张剑云

摘要: 在分案申请的初步审查中,应当根据原申请对分案申请的申请人和发明人进行核实。本文从《专利审查指南2010》相关规定出发,结合具体案例,分析了申请人可以提交"有关申请人变更的证明资料"来克服"分案申请的申请人与母案不同"问题的原因、该证明资料的形式要求及其费用问题,以及"发明人变更声明"不能克服"分案申请的发明人不是母案的全体或部分发明人"问题的原因,并对分案申请中申请人、发明人变更所涉及问题的解决方式进行归纳总结。

关键词: 分案;母案;申请人;发明人;转让

一、引言

世界上每年的专利申请数量非常庞大,而且所涉及的领域各不相同,如果在一份申请中不限制所包含发明的数量和类型,则不仅使国家在收费上造成损失,而且会使得该申请的审查无法进行。因此,各国在专利制度立法上规定了单一性原则,以解决专利申请中存在的上述问题。而对于这些不符合单一性的发明创造或者在原始申请中未予以保护

的发明创造,如果不给申请人提供途径予以保护的话,那么申请人的这些发明创造将"捐献"给公众,这显然对申请人的利益造成了不应有的损害。为了给申请人在因不符合单一性原则或者申请人由于疏忽未将其发明创造予以保护的情况下提供救济手段,各国相应地设立了申请的分案制度。

我国《专利法》第三十一条规定:一件发明或者实用新型专利申请应当限于一项发明或者实用新型。属于一个总的发明构思的两项或以上的发明或者实用新型,可以作为一件申请提出。《专利法实施细则》第四十二条规定:一件专利申请包括两项以上发明、实用新型或者外观设计的,申请人可以在《专利法实施细则》第五十四条第一款规定的期限届满前,向国务院专利行政部门提出分案申请。申请人除了按照国家知识产权局审查通知书的要求提出分案申请以外,也可以主动提出分案申请。

在分案申请的初步审查过程中,应当根据原申请(以下称"母案")对分案申请的申请人和发明人进行核实。在遇到"分案申请的申请人与母案不同"以及"分案申请的发明人不是母案的全体或部分发明人"的问题时,审查员应如何审查以及申请人应如何处理才能克服缺陷,在审查实践中缺少相关的审查经验,因此有必要对其进行深入的分析和总结。

二、《专利审查指南2010》中对于分案申请的申请人、发明人的相关规定

《专利审查指南2010》中第一部分第一章第5.1.1节有如下规定:分案申请的申请人应当与原申请的申请人相同;不相同的,应当提交有关申请人变更的证明资料。分案申请的发明人也应当是原申请的发明人

或者是其中的部分成员。对于不符合规定的，审查员应当发出补正通知书，通知申请人补正。期满未补正的，审查员应当发出视为撤回通知书。

从上述规定可以看出，对于分案申请人和分案发明人有着不同的审查和处理方式。

申请人：分案申请的申请人应当与母案的申请人相同，不相同的申请人应提交有关申请人变更的证明资料。

发明人：分案申请的发明人应当与母案的发明人相同或者是其部分成员，此处未提及申请人可以提交有关发明人变更的证明资料。

三、具体案例分析

1.案情介绍

母案：申请日为2015年2月15日，申请人和发明人均为个人A。

分案：申请日为2015年8月11日，申请人为公司B，发明人为个人C；

本分案申请的分案时机等均符合《专利法》相关规定，但可以看出，分案的申请人、发明人与母案均不同。

2.对分案申请申请人的审查

本案不符合"分案申请的申请人应当与母案的申请人相同"的规定，审查员应发出补正通知书，根据《专利审查指南2010》的规定，申请人可以提交"有关申请人变更的证明材料"来克服该缺陷。

下面从权利转让的角度来解释可以通过提交"有关申请人变更的证明材料"来克服该缺陷的原因。

《专利法》第十条明确规定：专利申请权和专利权可以转让。《中国专利法详解》中如下论述：有些国家的专利法明文规定，专利申请权和专利权都是财产权；有些国家的专利法虽无明文规定，实际上也如此对待。既然专利申请权和专利权属于财产权，因此就和普通财产权一样是可以转移的。

结合《专利审查指南2010》中第一部分第一章第6.7.2.2节的规定"由于各种原因发生申请权（或者专利权）转让而提出著录项目变更请求的，应提交相关证明资料"可知，分案的申请权可以由母案的申请人转让给其他申请人，并且需要通过提交相关证明资料的形式来体现。

针对本分案申请的申请人与母案不同的问题，审查员发出补正通知书，对此申请人提交了"申请权转让证明"（以下称为"证明文件1"），其中声明：原案申请人A同意将本分案的申请权转让给B。并且证明文件1中具有母案申请人"个人A"的签字和分案申请人"公司B"的盖章。

通过上文的分析已经得知，通过提交申请权转让证明可以克服"分案申请的申请人与母案不同"的缺陷，但该证明文件1的格式是否符合要求呢？下面继续进行分析：《专利审查指南2010》中对于分案申请中提供的"有关申请人变更的证明资料"的格式并没有明确规定，但对于著录项目变更有如下规定（参见《专利审查指南2010》第一部分第一章第6.7.2.2节）："申请人（或专利权人）因权利的转让或赠与发生权利转移提出变更请求的，应当提交转让或者赠与合同。该合同是由单位订立的，应该加盖单位公章或者合同专用章。公民订立合同的，由本人签字或盖章"，参照著录项目变更中提交证明资料的上述规定，虽然上述证明文件1不属于严格的合同范本，但其中包含了母案申请人和分案申请人签章，体现了母案、分案申请人之间的一种协议关系，因此可以认为上述证明文件1形式上符合要求。

另外，由于申请人提交了申请权转让证明，因此涉及判断上述关于分案申请权的转让是否属于著录项目变更手续、是否需要缴费的问题,对此可以从如下角度来分析:通常的著录项目变更指的是一项专利申请中申请人、发明人等发生变化;而分案相对于母案是一个新的申请,也就是申请人通过缴纳另一份申请费提交了一份新的申请,单看分案、母案,自始至终其申请人并没有发生变化,因此并不同于著录项目变更,不涉及缴费。

可见,申请人通过提交上述证明文件1克服了"分案申请的申请人与母案的申请人不同"的缺陷。

综上所述,对于"分案申请的申请人与母案的申请人不同"的问题,可以通过提交有关申请人变更的证明资料来克服,也可以通过将分案申请人变更为与母案相同或者将母案申请人变更为与分案相同的做法来加以克服,因为通过著录项目变更来实现专利申请权(或专利权)转移是一种合理的途径,而后两种做法涉及分案和母案的著录项目变更。

3.对分案申请发明人的审查

《专利审查指南2010》中规定了"分案申请的申请人与母案不同"的缺陷可以通过提交有关申请人变更的证明资料来克服,是否意味着"分案申请的发明人不是母案的全体或部分发明人"的缺陷也可以通过提交有关发明人变更的证明材料来克服呢?下面结合具体证明资料来加以说明。

本分案申请的申请人于申请日当天提交了"发明人变更的声明"(以下称为"证明文件2"),其中声明:新发明人是对本分案发明实质创造做出贡献的发明人,原发明人同意将本分案发明的发明创造人更改为新发明人。并且证明文件2中具有母案发明人"个人A"的签字和分案发明人"个人C"的签字。

对于上述证明文件2能否接受的问题,进行如下分析。

首先,根据《专利法实施细则》第四十三条第一款的规定,分案申请不得超出原申请记载的范围,也就是不得补充新的发明创造,所以分案申请不可能存在对新的技术做出贡献的新发明人,分案申请的发明人必然是原申请的全部或部分发明人。上述证明文件2中声明"新发明人是对本分案发明实质创造做出贡献的发明人,原发明人同意将本分案发明的发明创造人更改为新发明人",如果该声明中情况属实,那么该分案发明人也必然是对原申请的发明创造做出贡献的发明人(或发明人之一),属于原申请漏填或错填发明人的情况,但提交该证明文件2并未改变原申请的发明人,并未克服缺陷。

其次,根据《专利审查指南2010》第一部分第一章第6.7.2.3节的规定"因漏填或者错填发明人提出变更请求的,应当提交由全体申请人(或专利权人)和变更前全体发明人签字或者盖章的证明文件",但上述证明文件2中仅有变更前的发明人签字,缺少全体申请人的签字或盖章。

可见,上述证明文件2并不能克服"分案申请的发明人不是母案的全体或部分发明人"的缺陷,不予接受。

此外,假设申请人提交的不是"发明人变更声明"而是类似于证明文件1的"发明人转让声明",是否能克服"分案申请的发明人不是母案的全体或部分发明人"的缺陷呢?

对于这一问题,仍然要从权利转让的角度来分析:发明人不同于申请人与专利权人所体现的申请权和专利权,其体现的是"对发明创造做出贡献的究竟是谁"这样的一个事实,不能视为一种财产权,因此不存在"发明权转让、转移"的说法。因此申请人不能通过提交有关发明人转让的证明资料来克服"分案申请的发明人不是母案的全体或部分发明人"的缺陷。

综上所述，要克服"分案申请的发明人不是母案全体或部分发明人"的问题，申请人只能通过将分案发明人变更为至少为母案发明人之一，或者将母案发明人变更为至少包括分案发明人的做法来加以克服，即视为分案或母案的原发明人填写有误因而需要进行变更。而这两种做法分别涉及分案和母案的著录项目变更。

四、结论

对于"分案申请的申请人与母案不同"的问题，申请人可以选择如下处理方式来加以克服。

（1）提交符合形式要求的"有关申请人变更的证明材料"（不需要缴费）；

（2）通过变更分案的申请人，使其与母案的申请人相同（分案著录项目变更）；

（3）通过变更母案的申请人，使其与分案申请人相同（母案著录项目变更）。

对于"分案申请的发明人不是母案全体或部分发明人"的问题，申请人可以选择如下处理方式来加以克服。

（1）通过变更分案的发明人，使其至少为母案的发明人之一（分案著录项目变更）；

（2）通过变更母案的发明人，使其至少包括分案发明人（母案著录项目变更）。

注：第二作者对本文的贡献与第一作者等同。

参考文献

【1】尹新天.中国专利法详解[M].北京：知识产权出版社，2011.

【2】张振宇.我国专利分案申请制度的完善[J].知识产权，2015（8）：90-94.

【3】梁然.试论分案滥用与分案申请提出时机的关系及应对策略[J].中国发明与专利，2014（7）.

【4】王盛玉.从保护创新的角度谈我国分案制度的改进[J].中国发明与专利，2015（10）：111-113.

其他文件的形式审查

优先权审查流程研究

许莹　郝梅　杨杰

摘要： 本文首先分析了实用新型初步审查中优先权审查的两点需求：亟须研究出审查项目的合理关联性以及设计出审查项目的高效顺序性的需求，基于上述需求按照法律程序的一般性原则和合理性原则设计并绘制了优先权处理流程图，由此可以实现审查优先权时有序、全面、高效、不漏项的审查。

关键词： 实用新型初审；优先权；审查项目；流程

一、引言

实用新型初步审查中，优先权的审查依据为《专利法》第二十九条、第三十条，《专利法实施细则》第十六条第五项、第三十一条第一款至第三款、第三十二条、第九十三条第一款第一项、第九十五条第二款。具体来讲，《专利法》第二十九条规定了外国优先权和本国优先权的定义，《专利法》第三十条以及《专利法实施细则》的上述条款规定了要求优先权的手续。

在优先权的审查中,审查员的依据和标准是《专利审查指南2010》第一部分第一章第6.2节中"要求优先权"这一部分。《专利审查指南2010》作为《专利法》及其实施细则的具体化,将要求优先权的审查具体分为要求外国优先权、要求本国优先权、优先权要求的撤回、优先权要求费以及优先权要求的恢复这五部分。《专利审查指南2010》中关于要求优先权的规定较为详细,但是在具体审查中还是会存在诸多不便。在审查实践中,优先权的审查涵盖的项目多,每项审查的关联性和顺序性没有明确的规范,容易出现遗漏或失误。因此,根据现有优先权审查亟须解决的问题,总结出了以下两点需求。

1. 需要研究出审查项目的合理关联性

优先权的审查,其难点就在于各个审查内容彼此关联,需要彼此对照、相互印证才可以得出审查结论。以要求外国优先权的审查为例,在《专利审查指南2010》中分为四个方面:在先申请和要求优先权的在后申请、要求优先权声明、在先申请文件副本以及在后申请的申请人。在审查中,这四个方面所依据的审查内容是彼此关联的,例如,对优先权副本来讲,其还关联了优先权声明,在审查时要相互对照进行审查。

2. 需要设计出审查项目的高效顺序性

首先,优先权的审查涵盖的项目非常多,如何实现有序的审查十分重要,这样才可以保证不漏项的全面审查。其次,由于上文所阐释的优先权审查项目的彼此关联性,如果不设计出合理的顺序,则会事倍功半,反复查阅已审查过的项目。因此,需要设计出审查项目合理高效的审查顺序,保证审查项目的完整并兼顾程序节约原则。

二、优先权审查处理流程

根据上述两点需求，根据法律程序的一般性原则和合理性原则设计并绘制了优先权处理流程图，运用该流程图进行优先权的审查，可以在审查优先权时有序、全面，实现高效、不漏项的审查。其中，一般性原则是指在设计流程图时，首先按照缺陷所对应发出的通知书类型从重到轻进行审查项目的排列，具体来讲是按照视为未要求优先权（不可恢复）通知书、视为未要求优先权（可恢复）通知书、办理手续补正通知书的顺序进行相应审查项目的排列。在根据一般性原则确定了各个审查项目的一般性顺序后，再根据合理性原则进行调整。例如，以外国优先权为例，对于优先权的主题判断这一审查项来讲，如果在先申请与本申请的主题明显不相关，那么其法律后果是发出优先权不成立（不可恢复）通知书，但是，只有在提交了优先权副本的情况下，才可以做出优先权主题是否明显不相关的判断，因此，应当将是否提交了优先权副本这一审查项目提至主题是否明显不相关的判断之前。相应地，根据合理性原则对流程图进行调整后，即可得到优先权处理流程图。

优先权处理流程图包括优先权新案处理流程图和优先权回案处理流程图，其中优先权新案处理流程图包括外国优先权新案处理流程图和本国优先权新案处理流程图两幅，而回案处理流程图之所以为一幅，则是由于无论是外国优先权还是本国优先权，针对其缺陷所发出的通知书类型相同，因此相应的回案处理均适用同一流程图。

（一）优先权新案处理流程

根据一般性原则和合理性原则，首先需要根据《专利法》及其实施细则、《专利审查指南2010》中的相关规定进行分析，然后提炼出优先权新案处理的各个审查项目,并对每一审查项目进行分析,确定每一审查项目的缺陷所导致的法律后果,最后进行排序。外国优先权和本国优先权的新案处理的审查项目有所不同,表1列出了具体的审查项目。只有梳理了审查项目,才可以进一步设计绘制新案处理流程图。

表1 外国优先权和本国优先权的审查项目

外国优先权新案处理审查项目	本国优先权新案处理审查项目
声明是否在申请时提出	声明是否在申请时提出
在后申请是否在12个月内提出	在后申请是否在12个月内提出
是否提交优先权副本	在先申请是否为外观
主题是否明显不相关	在先申请是否授予专利权
是否缴纳并缴足优先权要求费	主题是否明显不相关
在后申请人的资格是否符合规定	在先申请是否享有优先权
声明中的项目是否合格	在先申请是否为分案
副本是否表明原受理机构、申请人、申请号和申请日	是否缴纳并缴足优先权要求费
	在后申请人的资格是否符合规定
	声明中的项目是否合格

1. 外国优先权的新案处理流程

外国优先权的审查项目包括:声明是否在申请时提出、在后申请是否在12个月内提出、是否提交优先权副本、主题是否明显不相关、是否缴纳并缴足优先权要求费、在后申请人的资格是否符合规定、声明中的项目是否合格以及副本是否表明原受理机构、申请人、申请号和申请日等项目。在确定了上述审查项目后,绘制的外国优先权新案处理流程图见图1。

图1 外国优先权新案处理流程图

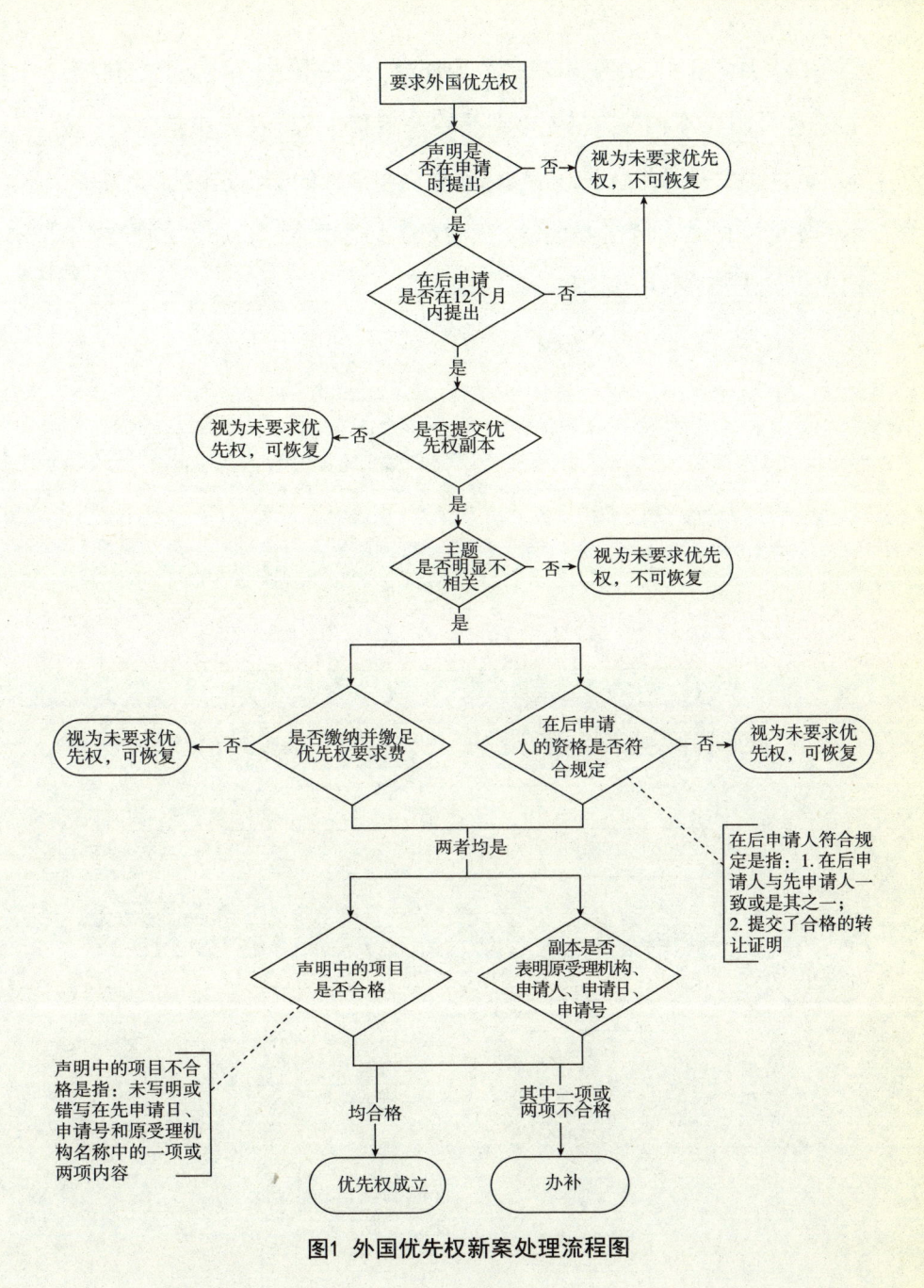

2. 本国优先权的新案处理流程

本国优先权的审查项目包括：声明是否在申请时提出、在后申请是否在12个月内提出、在先申请是否为外观、在先申请是否授予专利权、主题是否明显不相关、在先申请是否享有优先权、在先申请是否为分案、是否缴纳并缴足优先权要求费、在后申请人的资格是否符合规定、声明中的项目是否合格等项目。在确定了上述审查项目后,绘制的本国优先权处理流程图参见图2。

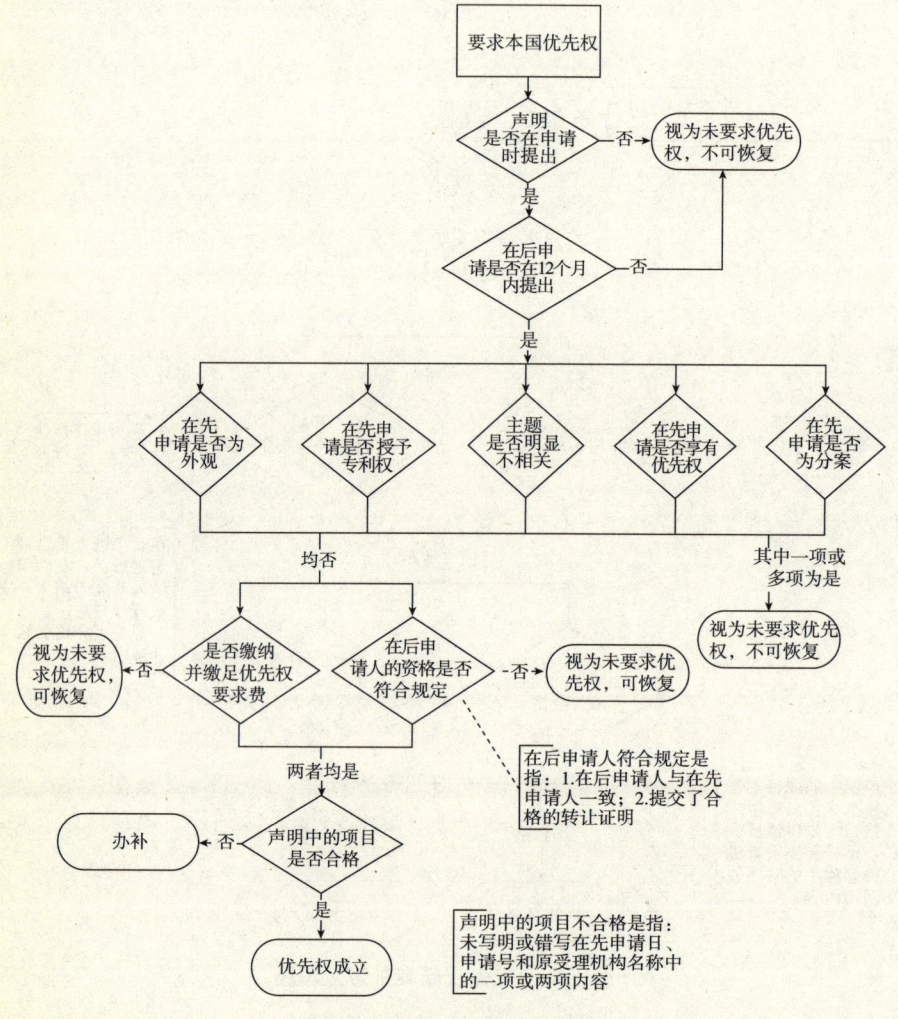

图2 本国优先权处理流程图

3.优先权新案处理流程图的说明

（1）优先权处理的审查项目使用判断符号表示，发出何种类型通知书使用终止符号表示，解释的内容使用解释符号表示。

（2）优先权新案处理流程图中，为了保证程序节约原则，如果发出"视为未要求优先权（可恢复）"通知书，应当继续按照流程图的顺序审查其他项目，将其他缺陷一并写入视为未要求优先权（可恢复）通知书中告知申请人。

（3）该流程图并非唯一的优先权审查流程，而是一个较为高效全面的审查流程，其实用之处还表现在：流程图还标注出了相应流程所需发出通知书的类型，从而可以迅速获取每一审查项的缺陷所对应的通知书类型。

（二）优先权回案处理流程

无论外国优先权还是本国优先权，其回案处理流程图均相同，如图3所示。优先权回案处理流程的设计，是按照所发出的通知书类型作为流程的开始，具体来讲，是以办理手续补正通知书为起点。这是因为在发出办理手续补正通知书后，如果未答复或者手续不合格会导致继续发出视为未要求优先权通知书，因此，将办理手续补正通知书视为该流程图的起点。对于新案处理过程中发出视为未要求优先权通知书的情况，则可以直接选取图中视为未要求优先权通知书处作为实际的起点。

通过图3所示的优先权回案处理流程，可以发现优先权的回案处理流程中涉及了优先权的恢复审查，这一部分具体可见《专利审查指南2010》第五部分第七章6.3节的规定，由于其属于权利的恢复相关的内容，因此其具体操作的内容并未记载在《专利审查指南2010》第一部分中。

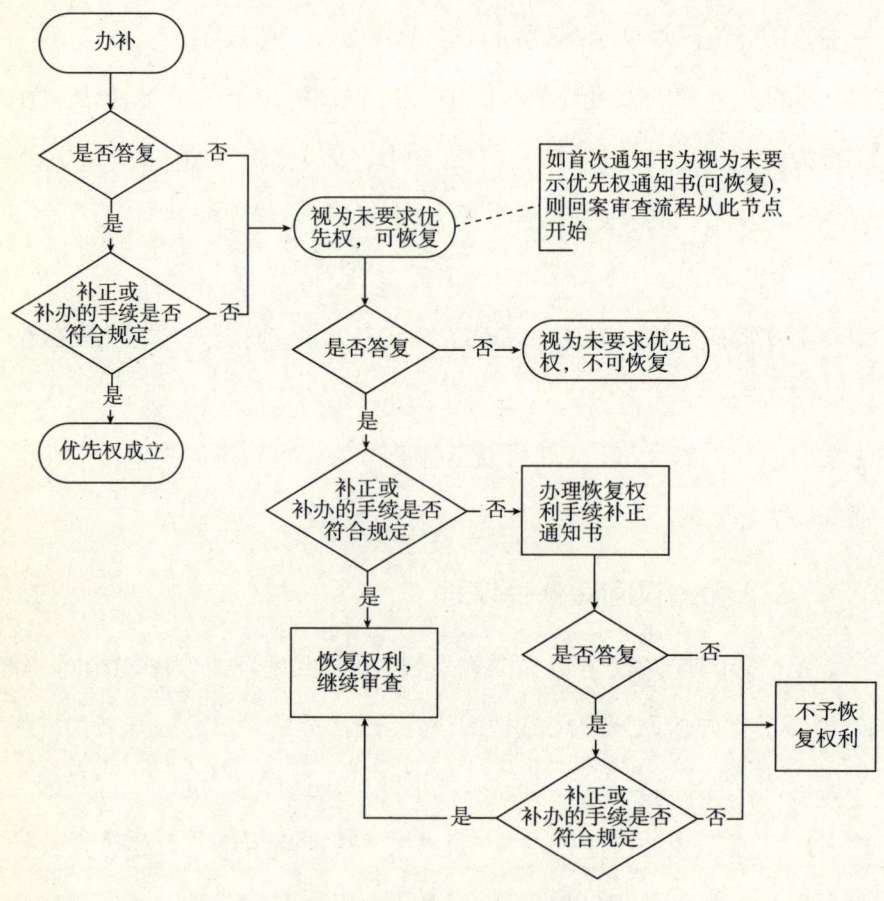

图3 优先权回案处理流程图

三、结语

本文对《专利审查指南2010》中关于要求优先权的规定进行梳理，确定了优先权的审查项目，根据一般性原则和合理性原则绘制了外国优先权和本国优先权的新案处理流程图以及优先权回案处理流程图，根据该流程图可以实现优先权初步审查的有序、全面、高效、不漏项的审查。

由于作者水平有限,优先权流程图的设计难免存在疏漏,欢迎各位同仁批评指正!

参考文献

尹新天.中国专利法详解[M].北京:知识产权出版社,2011.

优先权主题的审查范围研究

许莹 石贤敏

摘要: 本文首先对优先权主题的判断的相关法律规定进行梳理,针对实用新型初步审查中关于相同主题的现有审查模式进行分析,从而对优先权的主题的判断方法提出改进建议,在现有的审查范围内拓展了新的判断方法,并结合案例予以解释说明。

关键词: 实用新型初审;优先权;相同主题;名称

一、优先权主题的审查规定

《专利法》第二十九条对优先权的定义做出规定,其中,第一款为外国优先权的定义,"申请人自发明或者实用新型在外国第一次提出专利申请之日起十二个月内,或者自外观设计在外国第一次提出专利申请之日起六个月内,又在中国就相同主题提出专利申请的,依照该外国同中国签订的协议或者共同参加的国际条约,或者依照相互承认优先权的原则,可以享有优先权",第二款为本国优先权的定义,"申请人自发明或者实用新型在中国第一次提出专利申请之日起十二个月内,又向国务院专利行政部门就相同主题提出专利申请的,可以享有优先权"。通过《专利法》第二十九条的上述规定可知,无论是外国优先权还是本国优先权,对主题均要求为"相同主题"。这符合《巴黎公约》对主题的要求,使得申请人可以就相同主题享有优先权,同时避免损害公众的利益。

关于"相同主题"的审查,是优先权审查的核心问题。优先权审查中对"主题相同"的规定参见《专利审查指南2010》第二部分第三章第4.1.2节:《专利法》第二十九条所述的相同主题的发明或者实用新型是指技术领域、所解决的技术问题、技术方案和预期的效果相同的发明或者实用新型。在实用新型初审中,其对"相同主题"的判断与发明初审的要求相同,均按照《专利审查指南2010》第一部分第一章6.2中的要求进行审查。以本国优先权为例,《专利审查指南2010》第一部分第一章6.2.2.1规定了"初步审查中,审查员只审查在后申请与在先申请的主题是否明显不相关,不审查在后申请与在先申请的实质内容是否一致"。

由此可见,对于发明初审和实用新型初审中的优先权相同主题的判断,从《专利法》所要求的"相同的发明或者实用新型"弱化为"主题是否明显不相关"的判断。也就是说,发明初审和实用新型初审作为初步审查制度,无须对是否为相同主题这一实质内容进行核实,其要求过深,不符合初步审查的定位。同时,由于优先权的本义,如果使明显完全不相关的主题均可以要求优先权,则要求过于宽松,对公众不公平,因此应在实用新型初审中排除一些主题明显不相关的情况。因此,将相同主题的判断标准聚焦在"主题是否明显不相关"的判断,既符合初审的定位,又保证了初审过程中对优先权制度的基本保障。

二、优先权主题的现有审查模式分析

在实际审查中,"主题是否明显不相关"的判断又是如何具体实现的呢?在实用新型初审中,按照长期以来形成的惯常做法,审查员通常通过实用新型名称进行主题是否相关的审查。直接把审查的范围聚焦在"实用新型名称",无疑可以大幅度地减少审查的负担,从这个角度考虑,其符合初步审查的定位,保证了审查效率;同时,还可以排除明显不相关的情况。但是,使用实用新型名称判断主题是否明显不相关在审查实践中也存在一定问题。

(1)由于使用实用新型名称进行判断方便快捷,并且对实用新型主题判断大多数情况下均可以获得正确的结果,导致存在着将实用新型名称作为唯一的判断依据的趋势,这种趋势所造成的审查过程中的僵化,导致不判断案情直接生搬硬套使用名称进行判断,极易造成审查结果的误判。

(2)使用实用新型名称进行判断,具体方法是进行两个名称"是否相关"的判断,而不是排除掉"明显不相关"的主题。具体来讲,审查员如果认定两件申请的名称是相关的,则可以认为两件申请的主题相关;但如果审查员认定两件申请的名称不相关,是否可以认为两件申请的主题就明显不相关呢?显然,后一种情况在使用名称进行判断时存在着弊端,导致在审查实践中存在争议和各种结论不同的情形。进一步地,还存在一种情形,即,仅从名称不能明显地、比较容易地认定两件申请的名称是否相关或不相关,那么,此时该如何判断优先权的主题?

基于上述两点原因,有必要对目前通行的优先权主题是否明显不相关的单一判断方法——"审查员可以通过实用新型名称审查主题是否相关"进行完善。

三、优先权主题判断的改进建议

对于优先权主题的判断方法，笔者建议采用以下的判断方法进行判断：首先优先选择"通过实用新型名称审查主题是否明显不相关"进行优先权主题的判断，从而较大限度地保持了其效率高的特性，但是，如果仅从实用新型名称不能判断是否明显不相关时，也可以通过大致对比权利要求书、说明书及说明书附图来进行主题是否明显不相关的判断。这样，就为实践中争议较大的、仅从名称不能判断主题明显不相关的情况提供了另外一种判断方法，可以有效避免机械地执行从名称进行主题相关的判断，减少一些明显的判断失误。同时，虽然判断的范围有所扩充，扩充到了申请文件的实质内容部分，但判断的重点仍然为"是否明显不相关"，相应地，判断的方法也仅仅限定为"大致对比"，符合初步审查的定位，兼顾了审查效率。以下结合案例进行说明。

【案例】

本申请和在先申请的权利要求1及附图对比如下：

本申请请求保护"一种通过刺激人体迷走神经治疗癫痫的装置"，其要求在先申请"一种异常脑电导泄单极刺激迷走神经的装置"为本国优先权。本申请与在先申请的对比见表1。

表1 本申请与在先申请对比

本申请	在先申请
一种通过刺激人体迷走神经治疗癫痫的装置	一种异常脑电导泄单极刺激迷走神经的装置
权利要求1：一种通过刺激人体迷走神经治疗癫痫的装置，其特征在于：包括用于吸收聚集人体脑部异常电能的接收模块、用于刺激人体迷走神经的刺激模块及分别与接收模块和刺激模块相连的控制模块，接收模块将开始吸收聚集异常电能的信号反馈至控制模块，控制模块根据反馈的信号控制刺激模块对刺激人体迷走神经进行刺激	权利要求1：一种异常脑电导泄单极刺激迷走神经的装置，其特征在于：包括电极针（1），电极针（1）一端设有至少一可置于患者脑部异常放电目标区内感应电能的第一传导元件（3），所述电极针（1）另一端设有与第一传导元件（3）数量相同、且一一对应连接的第二传导元件（4），该第二传导元件（4）连接迷走神经线圈（6）
（附图）	（附图）

本案的实用新型名称中，存在"刺激人体迷走神经"这一相同技术特征，但其技术主题一个为一种通过该技术特征治疗癫痫的装置，一个为该技术特征的电导实现装置，如果采用仅从名称进行判断的方法，难以做出主题是否明显不同的判断，不易得出审查结论。此时，可

以采用以上建议的方法进行判断,通过大致对比权利要求书、说明书的大致内容及说明书附图,就会发现,权利要求保护的方案完全不同,说明书记载的方案从构思、方案本身到技术效果完全不同,且没有一幅相同的说明书附图,也即两者保护的是明显完全不同的技术方案,明显不符合优先权的要求,因此,本案应当属于在后申请与在先申请的主题明显不相关的情形,审查员应当发出视为未要求优先权通知书。

应当注意的是:以上大致对比说明书附图、权利要求书、说明书的判断方法并不意味着对初步审查的必然要求,也就是说,不要求审查员必须在优先权主题的审查时核对两件申请的说明书、权利要求书和附图,但是可以看出,审查员可以在一些情况下予以运用,而不必在优先权主题的审查中仅限于实用新型名称的核对,从而使得优先权主题的审查更加完善和准确,并且并不需要付出较大工作量。此外,需要强调的是,优先权主题明显不相关的审查意见一旦做出,将导致优先权视为未提出的审查结论。该种情况不属于《专利审查指南2010》第一部分第一章第6.2.5节所规定的优先权要求的恢复所列出的4点情形,应当发出优先权视为未要求(不可恢复)通知书,因此应当在非常确定的前提下做出此结论。

有人认为,以上通过大致对比说明书、权利要求书及附图来判断优先权主题的方式,会使得实用新型的初审与发明初审明显区别开来,从而存在一定的问题。然而,笔者认为,实用新型专利初步审查制度与发明专利的审查制度本来就存在一定的不同,其在审查过程中最突出的区别在于,实用新型申请在初步审查合格后,即予以授权和公告,这不同于发明申请经过初步审查后还有实质审查过程予以保障。因此,实用新型初审过程中对于优先权主题的审查在一些特殊的案例上比发明初审的要求程度上更深、结果上更准确,是合理的,同时也要符合两种初审制度的定位。

四、结语

目前的实用新型初步审查中,通常通过发明名称来判断主题是否明显不相关,本文针对其在一些案件中的明显不足,提出在一定条件下可以通过大致对比说明书、权利要求和附图的方式进行主题是否明显不相关的判断,从而保障了结果的准确性。该种判断方法拓宽了现有优先权主题审查的范围,同时又兼顾了行政效率。笔者希望此探索能对现有审查的方式有所补充和借鉴。

参考文献

尹新天.中国专利法详解[M].北京:知识产权出版社,2011.

小议依职权修改的范围

王亚晴　　庄　驰

摘要： 本文分析了依职权修改的法律依据，归纳了《专利审查指南2010》中规定的依职权修改的范围，通过对比欧洲专利局、美国专利商标局、日本特许厅和韩国专利局关于依职权修改的相关规定以及与中国专利法规的区别，结合实际案例对什么是合适的依职权修改范围进行了探讨，并提出了针对依职权修改增加听证程序的建议。

关键词： 依职权修改；明显错误；推定申请人不反对

一、引言

审查员依职权修改是指审查员在做出授予专利权通知书前，可以对准备授权的文本依职权进行修改，以使其符合授予专利权的规定，这是国家知识产权局专利局依据法律被赋予的职权，是一种无须向申请人请求而主动实施的行为。

审查员依职权修改的法律依据是《专利法实施细则》第五十一条第四款的规定，即国务院专利行政部门可以自行修改专利申请文件中文字和符号的明显错误，国务院专利行政部门自行修改的，应当通知申请人。

　　这项规定的初衷在于帮助申请人完善其专利申请文件，使有授权前景的专利申请尽快达到授予专利权的标准，避免不必要的文件来往，有利于加快专利审查的审批程序，节约行政资源。具体到实用新型专利中，由于实用新型专利审查采用的是初步审查，与发明相比，其主要特点就是短、平、快。具体落实"快"字主要体现在审查程序上，为了节约审查时间，提高审查效率，审查员在实用新型专利审查过程中有许多情况采用了依职权修改。但是由于目前审查操作中对"国务院专利行政部门自行修改的，应当通知申请人"中通知的方式仅是在授权通知书中的"审查员依职权对申请文件修改如下"一栏中写明进行依职权修改的具体内容，从而以书面方式通知申请人，这种通知方式仅起到一个"告知"的作用，由于授权之前审查员与申请人之间并没有沟通，而且审查员也没有给申请人指定一个合理的提出异议的期限来发表意见，因此，一旦申请人对审查员的修改持有异议或审查员修改不当，往往导致后续的更正、救济程序较为复杂。因此在实际审查过程中，依职权修改的范围和标准被限定得比较严格，以尽可能地避免依职权修改不当。那么怎样的依职权修改的标准和范畴是比较合适的呢？

二、《专利审查指南2010》中规定的依职权修改范围

　　《专利审查指南2010》中关于依职权修改的相关规定主要有以下几处：

　　（1）《专利审查指南2010》第一部分第二章第8.3节规定，审查员在做出授予实用新型专利权通知书前，可以对准备授权的文本依职权进行修改。依职权修改的内容如下。

①请求书：修改申请人地址或联系人地址中漏写、错写或者重复填写的省（自治区、直辖市）、市、邮政编码等信息。

②说明书：修改明显不适当的实用新型名称和/或所属技术领域；改正错别字、错误的符号、标记等；修改明显不规范的用语；增补说明书各部分所遗漏的标题；删除附图中不必要的文字说明等。

③权利要求书：改正错别字、错误的标点符号、错误的附图标记、附图标记增加括号。但是，可能引起保护范围变化的修改，不属于依职权修改的范围。

④摘要：修改摘要中不适当的内容及明显的错误，指定摘要附图。

审查员依职权修改的内容，应当在文档中记载并通知申请人。

（2）《专利审查指南2010》第二部分第八章第5.2.4.2节规定，通常，对申请的修改必须由申请人以正式文件的形式提出。对于申请文件中个别文字、标记的修改或者增删及对发明名称或者摘要的明显错误（参见本章第5.2.2.2节（11）和第6.2.2节）的修改，审查员可以依职权进行，并通知申请人。

（3）《专利审查指南2010》第二部分第八章第5.2.2.2节（11）规定，修改由所属技术领域的技术人员能够识别出的明显错误，即语法错误、文字错误和打印错误。对这些错误的修改必须是所属技术领域的技术人员能从说明书的整体及上下文看出的唯一的正确答案。

（4）《专利审查指南2010》第二部分第八章第6.2.2节规定，在发出授予专利权的通知书前，允许审查员对准备授权的文本依职权做出如下的修改（参见本章第5.2.4.2节）。

①说明书方面：修改明显不适当的发明名称和/或发明所属技术领域；改正错别字、错误的符号、标记等；修改明显不规范的用语；增补说明书各部分所遗漏的标题；删除附图中不必要的文字说明等。

②权利要求书方面：改正错别字、错误的标点符号、错误的附图标记、附图标记增加括号。但是，可能引起保护范围变化的修改，不属于依职权修改的范围。

③摘要方面：修改摘要中不适当的内容及明显的错误。

审查员所做出的上述修改应当通知申请人。

根据以上规定，笔者总结出以下几个特点。

（1）《专利审查指南2010》第一部分第二章第8.3节和第二部分第八章第6.2.2节规定的实用新型专利和发明专利的审查员依职权修改的内容是一致的。

（2）审查员针对的是准备授权的文本，文本除可以依职权修改的缺陷以外不存在其他缺陷。准备授权的文本包括说明书以及附图、权利要求书、摘要、摘要附图。也就是说，依职权修改的内容包括：说明书以及附图、权利要求书、摘要、摘要附图，其他文件如委托书、补正书、意见陈述书等不能依职权修改。

（3）审查员依职权修改的内容被归类为语法错误、文字错误和打印错误。

（4）审查员依职权修改时的判断原则为，对这些错误的修改必须是从权利要求书、说明书以及附图整体、上下文看出的唯一的正确答案；可能引起保护范围变化的修改，不属于依职权修改的范围。

三、国内外审查规章中关于依职权修改规定的比较

1. 欧洲专利局

在专利申请准备授权之前，欧洲专利局（EPO）的审查员需要填写相应的表格，将用作授权基础的文件等信息告知申请人，而且在该表中

还必须标明审查组对拟授权的文本所做出的所有修改。这种修改类似于中国专利法规中所称的依职权修改。EPO《专利审查指南2010》中规定，允许EPO审查员做出修改的情形包括：(1) 使说明书中对发明的描述与权利要求书一致；(2) 删除说明书中含糊的概括描述 [参见EPO审查指南C-III，4.3(a)] 或明显无关的内容 (参见EPO审查指南C-II，7.3)；(3) 插入SI单位值 (参见EPO审查指南C-II，4.15)；(4) 权利要求中参考标记的插入，除非知道申请人反对如此；(5) 引入背景技术概述，该背景技术清楚地代表与该发明最接近的现有技术；(6) 尽管会改变独立权利要求的含义或范围、但很明显必须做出的修改，因而推(断)定申请人不会反对；(7) 语言以及其他次要错误的更正。

同时EPO还规定应当发出审查意见通知书而不能由审查员做出修改的几种情形：(1) 显著改变权利要求的含义或范围的修改，如果修改该权利要求有不同方式，那么审查员不能设想申请人会同意哪种可能性；(2) 整个权利要求的删除，除了所谓的"总括权利要求"（即写为"实质上如此处所述的装置"的权利要求，或类似权利要求)；(3) 将权利要求合并以克服新颖性或创造性缺陷。

2. 美国专利商标局

根据美国专利商标局 (USPTO) 37CFR1.121(g) 法条的规定，允许审查员对权利要求书和说明书进行修改，审查员代为修改的内容通常仅限于形式缺陷或者印刷上的错误，例如拼写错误，名词与其动词不一致，代词的词形变形形式不统一，说明书中使用的参考符号与附图中的不一致，对修正的附图标记进行更正，其他明显的、小的语法错误（例如写错或者遗漏逗号，不适当的括号、引号等）以及申请文件中明显的非正式用语等；如果审查员代为修改的内容涉及实质性内容则通常需要得到申请人的认可、授权。在专利申请准备授权之前，USPTO将发出批准通知书,将由审查员代为修改的内容,以及申请人如有异议时与专利局联系的方式等内容告知申请人,并给予申请人三个月期限以便对该通知书进行答复。

3. 日本特许厅

日本特许厅(JPO)在《发明专利的审查基准》[6]中规定了审查员可以对以下内容进行依职权修改:(1)对申请文件中存在如下所述明显错误类缺陷进行修改,例如将"特计厅"依职权修改成"特许厅";(2)对申请文件中存在的表述不一致但从上下文能确定其毫无疑义要表述的内容的缺陷进行修改,例如将发明名称和权利要求末尾处出现的与发明内容实质上没有直接关系的用词进行明确删除,改正申请文件中的错别字,对与权利要求保护范围有明显差异的发明名称进行修改,将作为现有技术文献记载的申请的相应公开号加入到申请中来等。JPO还强调了审查员可以依职权修改的原则。原则之一是只有申请文件不存在拒绝理由的情况下才能做出依职权修改;另一项原则是,审查员做出依职权修改之前应当通过电话等方式将拟修改的内容告知申请人以便得到其确认。

4. 韩国专利局

韩国《专利法》关于审查员依职权修改制度中,也有类似审查员可以依职权修改较小的有缺陷的描述,然后通知申请人确定修改事宜。

通过参考欧洲专利局、美国专利商标局、日本特许厅和韩国专利局(KIPO)关于依职权修改的相关规定,我们发现欧洲专利局和日本特许厅在授权时允许审查员依职权修改的范围要比中国专利法规中规定得宽泛,如欧洲专利局允许EPO审查员做出修改的情形包括了这样一项:"尽管会改变独立权利要求的含义或范围、但很明显必须做出的修改，因而推定申请人不会反对"，即以明显必须做出修改和推定申请人不会反对为由，即使可能会造成独立权利要求的保护范围的变化，也可以对独立权利要求做出修改；日本特许厅规定审查员可以对申请文件中存在的表述不一致但从上下文能确定其毫无疑义要表述的内容的缺陷进行修改。但同时我们也发现，欧洲专利局、美国专利商标局、日本特许厅和韩国专利局对于审查员依职权修改的规定都存在一个共同点，即在做出依职权修改之前需要通过书面通知书或电话等方式将要修改的内容告知申请人以便得到确认。而中国专利审查规章中缺少在授权前就审查员依职权修改的内容和申请人沟通的方式，也缺少申请人如对该修改持有异议的救济程序，因此在对依职权修改的内容范围就要比上述几个国家谨慎得多。

下面将引用笔者在工作中遇到的两个案例，引发一些关于依职权修改的思考并参照其他专利局的相关规定，提出自己的一些见解和建议。

四、案例分析

【案例1】

权利要求2.如权利要求1所述的用于包装设备的可调翻盒装置，其特征是……<u>翻转平台锁定装置(8)</u>设在长边两端下面，<u>翻转平台锁定装置(8)</u>是伸出收回式凸杆……

权利要求3.如权利要求1或2所述的用于包装设备的可调翻盒装置，其特征在于<u>翻转平台锁紧装置(8)</u>是……

结合说明书和附图本领域技术人员可以毫无疑义地确定不一致

的科技术语为同一部件,审查员将权利要求3中的"翻转平台锁紧装置(8)"依职权修改为"翻转平台锁定装置(8)"以使表示同一部件的技术术语保持一致。

对于上述做法,主要有以下两种观点。

第一种观点:这种修改不适当,超出了《专利审查指南2010》中关于依职权修改的范围。按照《专利审查指南2010》的规定,权利要求书方面依职权修改的范围是:改正错别字、错误的标点符号、错误的附图标记、附图标记增加括号。但是可能引起保护范围变化的修改,不属于依职权修改的范围。对于本案,由于权利要求3中"翻转平台锁紧装置(8)"并不存在错别字,不属于明显错误;此外,由于附图标记不对权利要求的保护范围产生影响,"翻转平台锁紧装置(8)"和"翻转平台锁定装置(8)"也有可能是两个不同的部件,将"翻转平台锁紧装置(8)"修改为"翻转平台锁定装置(8)"会引起权利要求保护范围的变化。另外,将"翻转平台锁紧装置(8)"修改为"翻转平台锁定装置(8)"也不是所属技术领域的技术人员能从说明书的整体及上下文看出的唯一正确答案,其也可以将所有出现的"翻转平台锁定装置(8)"均修改为"翻转平台锁紧装置(8)"。因此审查员的依职权修改不适当。

第二种观点:尽管在形式上不属于《专利审查指南2010》中列出的几种情形,但对于本领域技术人员来说,结合说明书以及附图,可以判断出"翻转平台锁紧装置(8)"和"翻转平台锁定装置(8)"为同一部件,该不一致的表述为申请人撰写的"明显错误",在推定申请人不会提出反对时,审查员可以依职权将科技术语修改统一。

【案例2】

权利要求1记载有"在所述上半部分(1)的内壁上还设有上喷油孔

(5)，在所述下半部分(2)的内壁上还设有下喷油孔(6)……"

权利要求2记载有"上供油孔(3)通过所述上油路与所述喷油孔(6)连通……"

结合说明书和附图本领域技术人员可以得知权利要求2中的喷油孔(6)应该为下喷油孔(6)，审查员依职权将权利要求2中的喷油孔(6)修改为下喷油孔(6)。对于该修改存在以下两种观点。

第一种观点：该修改超出了《专利审查指南2010》中关于依职权修改的范围，且修改将导致权利要求的保护范围发生变化，因此审查员的上述修改不符合依职权修改的规定，属于依职权修改错误。

第二种观点：虽然上述修改不符合《专利审查指南2010》规定的依职权修改的原则，但是上述修改有利于程序节约，属于可以从权利要求书、说明书以及附图整体及上下文看出的唯一的正确答案，因此审查员的上述修改符合依职权修改的规定。

针对以上两个案例，笔者认为，对申请文件的修改首先要判断是否会引起权利要求保护范围的变化，凡是可能引起保护范围变化的修改，均不属于依职权修改的范围。而根据《专利审查指南2010》中规定的"修改由所属技术领域的技术人员能够识别出的明显错误，即语法错误、文字错误和打印错误。对这些错误的修改必须是所属技术领域的技术人员能从说明书的整体及上下文看出的唯一的正确答案"，对于此处的"唯一的正确答案"，笔者认为可以上位理解为"可以毫无疑义地确定要表述的内容"的修改。当权利要求中科技术语不一致，但是结合说明书和附图本领域技术人员可以毫无疑义地确定不一致的科技术语为同一部件，将其修改一致不会导致权利要求保护范围的变化，在推定申请人不会提出反对时，可以允许审查员进行依职权修改将科技术语修改一致。结合上述两个案例，笔者认为案例1中审查员的修改是恰当的，科技术语不一致的表述为申请人撰写的"明显错误"，修改不会导致权利要求保护范围的变化。案例2中审查员的修改改变了权利要求的保护范围，并且，由于案例中出现了两个喷油孔，分别为上喷油孔和下喷油孔，权利要求2中的喷油孔不能唯一推断出其为下喷油孔，因此这种依职权修改是不恰当的。

五、小结与建议

通过参考欧洲专利局、美国专利商标局、日本特许厅和韩国专利局关于依职权修改的相关规定，我们发现欧洲专利局和日本特许厅在授权时允许审查员依职权修改的范围要比中国专利法规中规定得宽泛。结合之前讨论的两个案例，笔者认为我国国家知识产权局可以适当放宽审查员依职权修改的范围。我国的《专利审查指南2010》对依职权修改的内容做出了具体限定，但笔者认为，其中的规定不应该理解为穷举的方式。对表面上看可能造成权利要求的保护范围发生变化、但实质上却不会发生变化且很明显应该做出的"明显错误"的修改，在推定申请人不会提出反对时，可以允许审查员进行依职权修改，允许审查员对申请文件中存在的表述不一致、但从上下文能确定其毫无疑义要表述的内容的缺陷进行修改，在推定申请人不会提出反对的前提下，笔者认为可以允许审查员进行依职权修改。而可能引起保护范围变化的修改，则不属于依职权修改的范围，均应由申请人重新递交文本，审查员不应代劳。

笔者还建议，为谨慎起见，并考虑到目前缺乏相关的与申请人就依职权修改内容进行确认的规定，在授权通知书发出之前可以采取电话讨论的方式与申请人就该修改进行沟通，并填写电话讨论记录表，这样一方面既避免了不必要的文件来往，有利于加快专利审查的审批程序,节约行政资源,又可以给申请人一个发表意见和提出异议的机会;更进一步,笔者还建议,针对依职权修改中可能出现的失误,可以设置补救性的救济程序,具体地说,可以在授权通知书"审查员依职权对申请文件修改如下"栏中,注明申请人对依职权修改持有异议的救济程序,例如在一定的、较短的期限内提出,由审查员做出判断和及时的修正,从而使得依职权修改在程序上更加完善。

参考文献

【1】中华人民共和国专利法实施细则[M].北京:知识产权出版社,2010.

【2】专利审查指南2010[M].北京:知识产权出版社,2010.

【3】Guidelines for Examination in the European Patent Office, Part C, 2005.

【4】Code of Federal Regulations Patents, Trademarks, and Copyrights, Title 37, 2005.

【5】USPTO. Manual of patent examining procedure, Latest Revision, August 2006.

【6】JPO发明专利审查基准, Latest Revision, September 2005.

【7】王冬杰. 对《专利法实施细则》第51条第4款的理解[J]. 审查业务通讯,2008,14(2).

【8】陈正军、邓学欣,等. 关于适当扩大"依职权修改"的范围和操作方式的探讨[G]//2012年中华全国专利代理人协会年会第三届知识产权论坛论文选编. 2011.